复原力

应对压力与挫折的心理学

[澳] 史蒂芬妮·阿兹里 —— 著　张瑞瑞 —— 校译

中国友谊出版公司

目录

第一部分：内在工作

摆脱自卑，重建自尊　　／ 003

"我越是培养自己的自尊，就越满意现在的生活，好像一切都势如破竹。积极的思维、成功的工作、健康的人际关系和社会活动，这些都变得容易了！"

树立正向思维　／ 017

"在我小的时候，我身边就有很多消极的人，但是我从来没意识到这一点。直到我的伴侣告诉我，我才发现原来自己这么消极。自此之后，我开始学习积极思考。"

"我以前有严重的情绪混乱，20多岁时被诊断为边缘型人格障碍。经过几年的治疗后，我独自一人回到家里。当时没有治疗师在身边，是这些情绪调节活动给我带来了巨大的改变。它们是有效的，只要你真的努力了。"

"我曾经认为自我关怀是一种自私的东西，只有有钱人和以自我为中心的人才会做这样的事情。我也曾经认为自我关怀就是做指甲或做头发，然后花一大笔钱买垃圾。但是通过针对性的治疗后，我才了解到，真正的自我关怀是免费的，它简单而平和，值得每个人拥有。所有人都应该得到它，不仅仅是富人和名人！"

第二部分：外在工作

"我从前总是把很多事情憋在心里，后来才学会了更好地表达自己，我周围的人似乎都比从前更理解我了，我们之间的争吵也变少了。有趣的是，沟通技巧还帮助提高了复原力。谁能想到呢？"

第三部分：活出乐观的自己

"当我制定计划时，通常都是直接'从A到Z'，然后花好几天时间试图找出B和C……现在我改变了方法，不把A、B和C都弄清楚，我是不会尝试D的。这样的策略让所有的事情都变得不同了。"

"我有将近30年与有心理健康问题的人接触的经验。随着他们抑郁症愈加严重，不变的是他们缺乏生活的意义。当生活失去了意义，问题就接着来了。"

"生活充满了起伏，但我们最终还是会回到真正的核心上，也就是我们对生活的看法。我有时会想，我们对生活的态度是否决定了明天的选择。"

前　言

如果20多年前我患抑郁症和焦虑症的时候，这本书就已经面世，那该有多好。那时候的我唯一的选择就是吃抗抑郁药。药物治疗自然是有作用的，但我还是希望当时的自己知道，在药物以外，其实可以做很多事情来帮助自己。

就是在那个时候，我发现了营养学、正向思维、阅读疗法和心理手册的力量，我把它们记录了下来，帮助自己保持平静和健康。阿兹里博士的书中有丰富的内容，从压力管理到愤怒情绪管理，读者可以跟随她的观点行动，摆脱忧虑，养成自己的复原力。本书的语言清新、平实而又亲切，在内容中列出了不同的活动和各种表格，以及一些有意义的话题和技巧，读者均可以参与。

我读完她的书后忍不住心想："天哪，我真想和阿兹里医生做朋友！下次遇到麻烦时就可以给她打电话了。"但是现在不需要了，因为《复原力：应对压力和挫折的心理学》这本书完全可以成为你的依靠。只要你需要，它就可以帮助你，哪怕在深夜凌晨3点。我唯一的希望就是它能早日与读者见面。

雷切尔·凯利
作家和心理健康活动家
SANE和Rethink Mental Illness的大使[1]
著作有《雨中歌唱：52个通往幸福的实用步骤》

1　SANE 和 Rethink Menta Illlness 是国外的精神健康组织。

致　谢

2019年对我来说是忙碌的一年。我不仅完成了本职工作和一些其他工作，还出版了3本书。这3本书为不同类型：《夫妻生活真实指南》《儿童健康心态》和这本全新的《复原力：应对压力和挫折的心理学》。我热爱写作，也对这3本书充满信心，但如果没有他人的支持，我绝不可能完成。

首先，我要感谢我的家人，尤其是我的孩子们。感谢他们忍受处于疯狂的截稿期、图书讲座、宣传和营销当中的我，也给了我很多空间。写作对我来说一直是一件苦中有乐的事情，一方面我希望我的作品能给别人的生活带来改变，另一方面，我也希望自己的家人能看到我心里一直有他们。今年是我女儿茱莉·安娜在社会工作学业上的最后一年，她取得的成绩让我非常自豪，她说看完《超级儿童的健康心态》（该系列的第一本）后想要从事和妈妈一样的工作，我期待着她来保护我们的家庭，就像我在过去20年来一直做的那样。我的两个儿子基利安和菲尼克斯是我的支柱，他们善良又聪明，我喜欢我们在深夜的拥抱和谈话。我最小的两个儿子，杰特和诺亚，是两个很有爱的小孩，做他们的妈妈很幸福。我还要感谢我的母亲，她一直帮助我照顾孩子，维系家庭。不仅如此，她还一直是我最重要的聆听者和领路人。我在这里向所有的家人致以我的爱。

我要感谢我的同事们，感谢他们对我的热情支持和鼓励，感谢他们在我写作期间同意试读一部分内容。还要特别感谢来自洛根的HHOT团队（HHOT团队，你们是最棒的）、南大都会精神健康服务中心，以及多年来与我共事或联络的所有优秀的临床医生们，他们为我的工作提供了很多信息，并针对今年的书做出了很多有意思的评价，我感到非常幸运。

感谢Private Scribophile Playground（知名作家团体Scribophile中的私人小组，简写为PSP）中的每一个人，感谢他们的评语、激励和友情。尤其是马克，感谢他参与本书的头脑风暴，还有蒂娜，感谢她作为一个专业同行给我的建议，以及对其中部分内容的试读。作为一个作家，今年能够成为作家协会的一员让我有了很大的改变。我鼓励所有作家，无论是专注于小说还是其他类型作品，都要找到一个好的作家团队，它会让你成为一个更强大的作家。

当然，还要感谢杰西卡-金斯利出版社（JKP）和整个团队。尤其是我的第一位编辑安德鲁，他在我的写作中提供了惊人而高效的建议和支持，还有后来加入的简，她的方法同样很棒。我很高兴能和JKP一起参与未来的项目。

最重要的是，我要感谢那些一直期待着这本书的人，他们来自不同的家庭，有孩子，也有父母。很荣幸他们在治疗中愿意与我一起练习这些技巧，看到他们建立起的复原力更是让人不由惊叹。我们一起讨论的主题和面对的挑战颇受欢迎，所以我也很期待看到大家对这本书的反馈。

"复原力"这个概念出现在21世纪，是影响个人对负面事件做出反应的重要因素。在过去的15年间，儿童的复原力理论和复原力项目在全球范围内蓬勃发展。通过在该领域的大量的宣传和工作，对儿童的支持已经普及到了全球。假以时日，《超级儿童的健康心态》和《儿童健康心态》提及的那些基础技能将能够进入学校、社区中心和家庭的日常教育中。这让我感到很温暖，我也期待着所有儿童都能通过低廉、方便和高效的方法来增强他们的复原力，降低他们出现心理健康问题的风险。

然而，我在私人诊所为儿童复原力小组提供的帮助越多，我越觉得他们的父母（或照顾者）也很需要掌握这些技巧。此外，我在开始管理一个公共卫生服务机构的心理健康团队时发现，越来越多的人出现情绪失调（在面对令人不安的情况时无法调节和控制情绪）、社交和沟通困难及焦虑的现象。他们似乎还没有完全意识到，缺乏积极思维和复原力不仅会影响自己的健康，还会影响周围的人。

一开始，只是一些成年人向我询问如何使用"超级儿童健康心态"计划，所以我更改了一些内容，以适应他们的需求。从那时起，我开始在私人诊所指导成人学习基础技能，甚至早于"正规的"治疗。诸如"你今天做得很好的工作是什么？"（WWW方法）和"你的目标是什么？"等技巧非常受欢迎。当他们对成人复原力技巧的需求超出我所能提供的范围时，我的一位朋友马克建议我干脆写一本书，他称之为心理策略的"鸡汤"，目的是教会成人一些管理日常生活的基本技能。

《复原力：应对压力和挫折的心理学》正是这样成型的。本书主要用于让成年人练习一些基础技能以提高生活质量，而对于那些已经了解这些技能的人来说，他们需要重新审视这些技能，同时将其付诸实践。本书借鉴了各种心理疗法，包括认知行为疗法（Cognitive Behavior Therapy，简称CBT）、积极心理学和以解决方案为导向的干预。《复原力：应对压力和挫折的心理学》不适用于有重度心理健康问题的读者，也不能取代治疗，但可以与治疗结合使用，并辅助其他治疗或服务。

简而言之，这本书适合每一个想要改善自己心理状况的人，无论目前是否正在经历心理健康问题。与《超级儿童的健康心态》和《儿童健康心态》（两本非常实用的复原力方面的书籍）一样，这本新书主要由3部分组成，共12章：

1. **摆脱自卑，重建自尊**

2. **树立正向思维**

3. **学会调节情绪**

4. 学会自我关怀

5. 提高沟通能力

6. 管理焦虑和压力

7. 学会控制愤怒

8. 积极开展社交

9. 善待自己的身体

10. 练习解决问题的技巧

11. 确立生活目标

12. 调整心态，应对危机

每一章都包含技能培养、讨论主题、练习、试用过该计划和活动的成年人的反馈，以及一些实用表格。每章最后都有一个总结和练习，以巩固书中所传授的技能。这些章节可以一起使用，也可以单独使用；可以按顺序使用，也可以随机使用；可以由个人使用，也可以辅助医生治疗。最后还有附录，可以增加读者乐趣。这些附录包括一些另外的表格、网络链接和其他资源。

这本简明的手册是一份完整的资源，是所有成年人和年轻人以及相关专业人士的理想选择。

如需要建议、意见和反馈，请随时与我联系，并让我知道你的技能训练成果。真诚地期待收到你们的来信！

助你建立复原力的朋友
史蒂芬妮

如需了解更多关于建立复原力的信息和技巧，请访问我的网站www.stephanieazri.comand，加入邮件列表，获取免费更新和资源。你也可以在我的Facebook主页关注我，网址是www.facebook.com/StephanieAzriAuthor。

01

内在工作

摆脱自卑，重建自尊

在这么多年的成长历程中，我经常能听到"自尊"这个词。人们说人应该追求自尊，因为它能给我们带来成功和幸福感。然而没有人告诉我如何去获得自尊，这是一个缥缈的概念，就像天边的彩虹和传说中的独角兽。但我清楚的一点是，找到自尊是我的终极目标，找不到它藏在哪里，我会一事无成！

很多人的人生数十年如一日，没有太大的变化。透过生活模糊的迷雾，我们认为应该努力寻求自尊才能改变自己，它也是客户寻求治疗最常见的原因之一。很多自尊或自我价值低下的成年人认为自己容易情绪低落，且复原力低下，动力不足。这种情况往往会产生持续的社会和心理问题。自尊和自我价值代表着一个人的幸福值，也决定了个人的康复水平和对生活的满意度，对我们来说很重要。

这一章主要写关于发展和培养成年人的自尊。世上没有暗暗藏起来的独角兽，也没有魔法药丸，没有从天而降的自尊和自我价值，一切都源于自己的内心（对于那些经历过创伤的人来说，这不是小事）。所以，让我们从最简单的部分开始吧！

> "我越是培养自己的自尊，就越满意现在的生活，好像一切都势如破竹。积极的思维、成功的工作、健康的人际关系和社会活动，这些都变得容易了！"

人为什么会自卑

不愉快的成长经历

艰难的童年、父母的忽视或虐待往往会导致成年后自我感觉不佳，因为几十年的负面思维、辱骂或刺耳的标签是很难释怀的。负面信息破坏了你对自己的认知。但我想让你知道，你是特别的，你要了解自己的优势和潜力，而阅读这本书就是一个好的开始。

模仿行为

有些人一生都在目睹别人与自卑做斗争，比如经常谈论外在形象的父母，一群特别消极的朋友，或者是自尊相当差的榜样。人们会通过观察别人来学习，而有些负面的特征会伴随我们一生。

遗传或家族特征

不幸的是，从基因的角度来看，有些家庭注定更容易"中签"。在这样的家庭里成长的人很难获得自尊，而且往往伴随着各种心理健康问题。如果你确定自己有心理健康问题的家族史，那么你可能会有自卑感，或者你的自卑感可能会导致一些心理健康问题。但要记住，遗传并不是一辈子无法改变，而是可以治疗的。

创伤和压力

持续的压力、创伤及在学校、工作或运动中的不良表现，会导致人们对自己的能力失去信心。这一点同样适用于人际关系问题、财务问题、失业和其他形式的失意。发现自己的不足，无论客观与否，都会让人们怀疑自己的能力和未来的潜力。

自尊低下的特征

自尊低下的人有一些共同的特征，包括内在思想和外在行为。例如：

- 极度的自我批评

- 忽视正向的品质和赞美

- 常常觉得自己不如别人

- 消极的自我对话（诸如"我很胖""我永远也达不到"等）

- 把好事归于运气，但把负面的事情归咎于自己

"直到我的姐姐点破，我才知道，原来我一直在用所谓的缺乏成就或成功的事情来为自己辩解，也真正领会到'自尊'的意义。现在回想起来，当我消极地谈论自己，或者不厌其烦地解释自己没做某件事的原因时，其实也给周围的人带来了负担。姐姐的话给我敲响了警钟。"

这种持续的消极自我对话也会影响到一个人生活中的其他方面，例如人际关系：要么纵容别人对自己不好（"我不可能得到一个更好的人，所以我应该允许这种行为继续下去"），要么容易对他人感到愤怒和怨恨，甚至被贴上霸道的标签。所有这些都是为了代偿人们对自己的真实感受。

自尊低的人往往害怕失败和评判，因此他们可能会回避社交活动，拒绝尝试新事物，或不断寻找"证据"，证明他们不会在新的或现有的努力中取得成功。这种情况很常见，但有些人反而因此能取得卓越的成就，逼迫自己达到不一般的成就，而在分析成功的经验时，他们却觉得不值一提。

虽然低自尊本身并没有被归类为心理健康障碍，也确实不是，但与低复原力（无法从考验和挑战中恢复）、一般水平的自我关怀和自伤行为（包括药物使用）之间确实有确切的联系。自尊越低，越有可能在生活的其他领域里挣扎，这个现象也恰恰说明了尽早培养积极和健康的自尊是多么的重要。如果你相信自己，那么世上的其他人也会相信你！

思考……

思考一下你是如何变得自尊低下的。每个人都有不同的原因和经历，但我希望你能考虑以下几点。

• 你是否察觉到自己有任何自卑特征？

• 你想解决或改变自尊不足的问题吗？

• 你如何看待你应该努力提高自尊？

• 你如何看待自己能够成功提高自尊？

• 你如何看待自卑对你的心理健康、人际关系和社交圈及未来影响巨大的说法？

这些问题可能会让一些人非常抗拒，但它们也可以赋予你巨大的力量。有的人发现原来负面情绪是可以控制的以后，可能会出现一些矛盾心理，所以这时候不要指责自己，也无须弱化那些经历过的创伤。思考这些问题的过程是夺回人生控制权的过程，只是需要你当下给出答案。我们需要提高自己的复原力和心理健康，以及表现出一种挑战自己思想的开放心态，直到我们对自己、对自己的复原力和自尊感到满意。

下面是两个不同类型的人被问到上述问题时各自的回答。它们有什么相似之处？有什么不同？你认为哪一个更有可能获得更高的自尊？

> 我觉得做任何事都不会快乐。事情已经这样了，我又不能控制。如果不是父母把我搞得一团糟，我还有可以吹嘘的成就，而现在，每次家庭聚会时我都觉得自己是个失败者。

对比：

> 和别人相比，我总觉得自己少了点什么。一切都很难，我已经厌倦了。如果真的有机会提高我的自尊，能改变其他一切，相信我，我一定会全力以赴的！

对部分人来说，改变的第一步是认识到自己有权利获得幸福，也有能力获得幸福。这个决定源于内心，你要相信自己可以提高自尊。

确定了这一点，让我们看一下下面的饼状图，并基于你自己的生活填上所有的领域（也可以自由添加其他任何与你相关的领域）。你是否能说出你在每个领域的优势？例如，你是一个凡事亲力亲为的父母吗？你是一个有爱心的伙伴吗？你是否会做让人赞不绝口的饭菜？你的学习成绩好吗？请在每个区域内列出你的技能、优势或你喜欢的东西。

你会注意到，有些事情你已经实现了，有些事情其实你每天都在做，或者你喜欢的事情，别人反而不喜欢。你也可能意识到，你的饼状图和周围其他人的不一样，这可能会让你有些焦虑，也可能不会。你的饼状图比他们的好？还是比他们的差？或者只是简单的不同而已？也许你最好的朋友在工作上有很高的职位，但在育儿或人际关系方面却一塌糊涂。在练习中要发现你自身的优势，也要接受你与别人的差异。

与别人不同并不是一件不好的事情，我希望你能尽量全面地看待自己的优势。比如，你的父亲能卧推100公斤，但你对这样的事情从来不感兴趣，所以无须纠结于此。你应该感到骄傲的事情是你亲手做好了一个柜子，而且柜子里还陈列着你爷爷的战争勋章。

培养健康的自尊的一个重要内容，就是接受自己在某一个领域不那么优秀。我知道有许多妇女把持家看得比世界上任何其他事情都重要，对她们来说，事业上的成功会让她们在家庭生活方面做出牺牲。另外一些女性的感受则不同，她们需要在多个领域

我在不同领域的表现

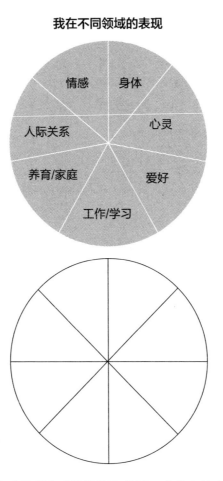

站稳脚跟才能感觉到自己的价值和美好，这些女性会兼顾育儿、工作和学习。上述问题凸显了不同的解读和价值取向在解决自尊问题上的重要性。你可能在某一特定领域非常有天赋或取得了成功，但如果你不看重它，它对你就没有任何意义。

使用饼状图来思考一下你的优先级，哪个领域对你最重要？哪一个能给你带来更多的快乐、骄傲或满足？下一次，当你在一个很陌生的领域里把自己和一个非常成功的人进行比较时，问问自己，为什么？大概率是你从来没有对那个领域感兴趣，或者你只是专注于一个对你来说更重要的领域，又或者你从来没有研究过这个领域。

无论哪种情况，请接受你与别人之间的差异，勇敢迎接这些对比，同时重视你的自身优势。

树立自尊

确定了自尊是多么重要之后，让我们来谈谈那些能够帮助你达到目的的实用策略。和本书中的其他技能一样，它需要你有一颗愿意尝试的心并不断地重复，做到练习，练习，再练习！

积极的自我对话

如前所述，自尊可能来自一些负面标签、苛刻的评论或创伤性经历。如果是这种情况，那么积极的自我对话可以产生鼓舞人心的作用。虽然他人的积极反馈很悦耳，但归根结底，最有用的是来自我们内心的积极反馈，比如积极的肯定（"我可以做到"）、有效的鼓励性想法（"事情会好起来的"）和善意的话语（"我和别人一样好"）。这是第一步，也是最重要的一步。大脑会认真对待我们所想的事情，所以我们要有真正积极的态度！

挑战你的消极想法

有时候为了安逸一些，大脑里会闯入一些消极的想法。这些想法可能是关于我们自己，可能是关于某个情况或某个事件，或者只是关于我们对未来的展望。虽然下一章会介绍消极思维的结构，但我还是想在这里提一下挑战消极自我对话的重要性：当这些想法进入你的脑海时，把它们踢出去吧！

停止无用的比较

每个人都是不同的，你可能不是最好的，但也不可能是最差的。每个人都有长处和短处，停止拿苹果和橘子相比较吧！如果你的姐姐、最好的朋友或伴侣成功地获得了晋升，减掉了10公斤的体重，或者买了一辆新车，那是他们的功劳，对你本身或你的能力并无影响。不要再以别人的成功为基准来衡量你的成功。

对别人的赞美说"谢谢"

我不爱说谎，也不善说谎。当有人赞美我时，我一般会客气谢绝，或者直接忽略……但是，让我们试着在有人赞美你时，道一声谢吧。事实上，如果他们不是发自内心地欣赏你，是不会赞美你的。

能够听到赞美并欣然接受和感激是健康个人观的开始。接受这些赞美是你的大脑在说"是的，我应该得到这些"或"我很好！我真棒。"

列出你的优秀品质

无论是精神上、书面上还是其他形式，都要把你所有的积极品质和成就列出来，比如庆祝毕业、工作上的成就、人生转折点，或者是你做得最好的花生酱巧克力饼干。做完这些后，请与你的朋友和家人分享，无论用哪种方式都要为自己感到自豪。把它们装进你的正向思维记忆库里吧，每当你感到有点低落时，就把这些拿出来回忆一下。

专注于未来

从过去的阴影当中走出来可能对有些人来说并没有那么容易，过去的失望和伤害是真实的，需要去承认和面对，但是只要你能走出来，就能抛弃过去。不断重温过去的创伤或过去不愉快的经历会让我们觉得自己不够好或有错，甚至失去希望。当我们专注于现在和积极的未来时，就能拥抱希望。我们想要建立积极的自尊，想要创造一个新的现实，新的未来。在这个新的未来里，我们每天都很了不起，每天都在成长。

　　"自卑会影响一切！包括职业规范、工作机会、家庭生活、心理健康、饮食习惯。一切的一切！"

总结

　　自尊是成年后拥有健康心态的第一步。我们已经了解了导致自尊低下的诸多原因：家庭历史、反面榜样、虐待或忽视、心理健康问题，或只是那样的性格。

　　长期的自卑会给自己和他人带来麻烦。直白点说，人们不喜欢与心态消极的人交往。虽然这并不是谁的错，但这说明那些能让你更好地看待和对待自己的练习和任务很重要。观察并了解你的长处，然后尽你所能地使用它们。你还要意识到自己的弱点，并致力于个人的改进和成长，但不要纠结于它们。如果在一天结束之时，你能学会爱自己、欣赏自己，尽管你仍有不足之处，但也在逐步靠近成功了！

想一下你的自尊，以及你在改变和提高自尊方面有多大的控制力。做出了承诺之后就要大声表达出你的决定、责任、希望和兴奋，写下来也可以。这是一个象征，也是把自己放在第一位的第一步。

列出你的弱点清单。请思考弱点的根源，以及你是怎样看待这些弱点的？这是你想改变的事情吗？还是你认为这些弱点会永远伴随你？列出这个清单后，放下那些你无法改变的缺点，思考那些你可以改变的缺点。然后，坦然抛弃这些缺点吧，有些人可能会选择把清单撕成碎片，有些人可能会把它烧掉或进行其他象征性的行动。我们要学会和不完美和平相处。

列出你的优势和成就。评价一下列出这些优点和成就的难易程度，想一想为什么提出缺点比提出优点要容易得多，然后努力提出更多的优点。当你承认自己的弱点时，不要忘记自己一直都是一个了不起的人！

练好自己的才艺。如果你擅长文字，可以给别人写一封信；或者在朋友面前弹一首钢琴曲；或者是为美化环境出谋划策。无论你的技能是什么，都要经常运用它们，并在适当的时候展示出来。

投入新的爱好、课程或方案。有乐趣和有价值的兴趣爱好也有助于建立自尊。我们可以通过不同的途径了解自己，并培养积极的体验机会。

练习在社交场合适当地与他人分享你的优势和成就，同时欣赏他们的长处和成就，并坦然面对你们之间的差异。

不断暗示自己，直至成功！一开始，对别人的赞美说"谢谢"，或者向家人和朋友展示自己亲自装饰的房间，可能会让你觉得有些别扭，但无论如何，都要坚持这么做。欣赏自己的长处就会逐渐提高自己的自尊。所以去做吧！

树立正向思维

积极心理学和正向思维是我作为治疗师最喜欢的话题之一，理由很简单，无数的证据证明一个人的思想会影响他的行为。研究表明，积极的想法会带来更健康的人生观，更积极的态度，以及更坚韧的精神。在我们开始之前，我想再次强调，我绝不是要弱化严重的心理健康疾病，也不是让大家忽视创伤、挫折和那些让人们不再积极思考的原因。我希望在这一章中介绍的是对积极思维的好处的理解，并促进你重新规划如何更积极地对待自己。

让我们从头说起，为什么人们会出现某一种感觉？为什么一些人对事物的感觉是消极的？根据CBT（由阿伦·贝克博士在20世纪60年代提出的一种著名循证疗法），人们不快乐的原因有3个：

• 他们对自己的看法是负面的（"我很胖、很丑、很笨"）。

• 他们对事件有消极的看法（"我的杯子总是半空的"）。

• 他们对未来抱有消极的看法（"毕竟过去的坏事都发生在我身上，以后有什么理由会变化呢"）。

根据CBT的说法，反过来的思维也是成立的。快乐的人之所以快乐，同样有3个原因。

- 他们对自己的看法是积极的（"我很聪明，身体健康，且充满动力"）。

- 他们对事件有积极的看法（"我的杯子总是半满的"）。

- 他们对未来有积极的看法（"毕竟过去的事情总是很好，以后有什么理由会变化呢"）。

观察一下你对自己的看法（这里可能要适时地重温一下第一章）。这种看法在多大程度上是客观的？是积极的、消极的还是两者兼而有之？你对自己的看法对你的人生经历有何影响？

其次，思考你对各种事件的总体看法。你是悲观的还是乐观的？你在生活中是迎难而上，还是容易被芝麻绿豆大的事所影响？

最后，回顾一下你的生活经历。它们总体上是消极的还是积极的？你对未来的发展是如何规划的？是走之前的老路，还是会有改变？

"在我小的时候，我身边就有很多消极的人，但是我从来没意识到这一点。直到我的伴侣告诉我，我才发现原来自己这么消极。自此之后，我开始学习积极思考。"

如何树立正向思维

你的价值观与你（对自我、对事件和对未来）的观点在哪些事情上是契合的？通过将这些观点转变为积极思维，你是否有可能感到更有力量、更有希望和更有复原力？

问题虽然刁钻，但答案是肯定的。

在提高复原力这件事上，我们需要认识到，我们的观点和正向选择的能力才是最重要的。想象一下这种情况：临出门吃饭前发现身上裤子被弄脏了，而这是你最贵的一条裤子。当你坐在车里盯着大腿上的深蓝色污渍时，手机铃声提醒你该出发了。此情此景，你心里是什么想法？

总是这样！为什么我就不能出去玩一次？难道我不应该休息吗？

对比：

天啊，刚刚居然没发现！好了，现在是时候试试我上周趁打折买的新裤子了。我还是快点换衣服吧。

想一下这两种说法可能会对你今晚产生怎样的影响。如果是第一种想法，你今晚会是什么表现？

- 生气？

- 挫败感？

- 感觉自己像个受害者？

- 取消晚餐？

那么如果是第二种呢？你会如何应对？

- 不受影响？

- 主动出击？

- 不以为然？

- 淡然又愉快地来到晚宴？

我希望你们可以根据自己的实际想法做一个选择。思考一下发生了什么，你的想法可能是什么，以及事件的结果。为了更好地完成这个练习，请按照下面的ABC模型填写。

ABC模型

行动（发生了什么？）

信念（什么想法进入了你的脑海？）

后果（结果是什么？你的感觉如何？你做了什么？）

请先用你在现实生活中的想法来练习，试着回忆你的想法及其后果。

然后，用消极的想法来练习，并改变结果进行比较。

最后，用积极思维来练习，有什么变化？你注意到什么不同的结果吗？

"ABC模式是我跟阿兹里医生学的第一件事。她让我一遍又一遍地练习。终于有一天，我不需要再练习了。我的大脑可以自动地进行积极思维。摆脱往常那些沮丧的想法，充满积极的思考，这是一件多么令人欣慰的事情。"

对很多人来说，想出现实生活中的例子可能有些困难，带有目的地做出消极选择更是略显滑稽。然而，当我们的大脑妄图坚持那些早已习惯的黑暗和沮丧的思维时，更难的是将之逆转为积极的感觉。我给客户的一个重要建议是，要让自己的积极想法是符合实际的。例如，如果你这周并没有买新裤子，那就不能使用上述的例子。对要出去吃晚饭的人来说，此刻乖乖换上紧身裤是最实际有效的办法了。"啊，好吧，珍妮不会在意我穿了运动紧身裤的"比"我的整个夜晚都毁了，我还是待在家里吧"这种想法要好。

让我们来讨论一下做这个练习时观察到的情况。这个练习对你来说是棘手的还是容易的？你被惊讶到了吗？你对自己的明智选择所产生的积极结果有什么感觉？你能做到经常练习吗？

对一些人来说，积极心理学的概念本身似乎有些不可思议。对这些人来说，消极思维可能是他们固有的认知，是他们思想的一部分，他们根本不相信现实可能与他们的主观认识有关，与感知信息的方式高度相关。对这些人来说，在能够形成积极健康的思维观之前，他们必须先摒弃消极观念。从本质上讲，他们首先要认同自己的思维是主观的，丢掉消极思想并不会失去自己，反而对治疗自己的消极心理状态是有好处的。

"从某种层面上讲，这种'消极'心理被我当作了一种值得骄傲的'勋章'。我内心觉得'消极'让我变得'深沉'或'艺术'，会看起来更聪明、更有思想。我的理智知道这不是真的，没有人真的喜欢和总是消极的人一起玩。我的另一面还是倾向于自认是个内心一直被折磨、被误解的无名之辈。"

心理暗示的强大作用

自我对话其实是倾听我们内心的声音，每个人都有一个内心的声音，每天对我们耳语。这个微小的声音总是让人感觉真实，即使它是刻薄的、主观的和错误的。可以把这个声音想象成是我们内心邪恶的神灵，它在对我们如何思考、行动和感觉发号施令。对于有心理健康问题或复原力水平低的人来说，这种微小的声音、这样的自我对话是负面的。它在告诉我们，我们是丑陋的、愚蠢的，我们不够好，一切发生在我们身上的事情都是毫无理由的，并告诉我们放弃未来，因为这一切都不值得。

如果你正在经历焦虑或抑郁，你每天都会听到这些负面的声音，你看待事情的态度是黑暗又沮丧的。要想提高你的复原力，我首先要问你几个问题。

• 你想感受幸福吗？你准备好放下你的消极荣誉"勋章"了

吗？这句话并非纸上谈兵。对于以玩世不恭的态度来面对生活的人来说，突然让自己敏感起来是不容易的。但我真诚地告诉你：不放下你的消极观念，你就不会有收获。

• 你准备好了吗？要摒弃消极思维，你需要做好准备，包括身边人的支持。在你练习重塑大脑神经通路的时候，会有一个伙伴在你需要的时候考验你，帮助你培养坚定的态度、勇于尝试的动力以及无穷的耐心。

• 你当下最紧要的是什么事情？人不会无缘无故地改变。对你来说，要练习积极思维，你需要找到一些让这一切变得有价值的东西。也许是注意到孩子们出现了消极思维，也许是人际关系中的烦恼挥之不去，或者自己对任何事情都不抱期待……无论哪种情况，你都需要找到一个让自己想要改变的理由。

"我爱我的孩子，我真的很爱他们。一想到我的消极观念可能会影响到他们，我就会努力克服自己的消极心态。他们应该得到幸福，我也是！"

保持理性客观的思维方式

万事开头难，辨别自己的思维是客观的（公正且不受情绪影响）还是主观的（受个人思想、价值观和意见的影响）可能并不容易，特别是当我们与内心消极的意识斗争时。不妨来考虑一下这几个问题：

- 你有什么证据来证明你的想法？
- 有没有可能你的结论是草率的？
- 别人对你的情况或想法有什么评价？
- 你还有消极的思维方式之外的其他思维吗？
- 你的思考对你（或他人）当下有帮助吗？

例如，想象一下这样的场景：你到了公司，前台接待员不打招呼就从你身边走过，虽然理智上你知道她只是粗鲁而已，可还是感觉受到了伤害，你愤怒地走到自己的办公桌前，这个过程中你也忘记了跟会计部的珍妮打招呼。如果从客观的角度探究，可能是这样的：

我没有足够的证据证明前台接待员今天对我很失礼，事情可能还有另一种可能，那就是我仓促地下了结论，我以为她在无视我，但她似乎在思考自己的事情，所以我现在也不确定了。如果我不这么较真，就不会这么恼火，就会留意到珍妮跟我招手了。所以，主动对接待员笑一下，可能是对她、对我和可怜的珍妮来说更友善的行为。

从理智的角度来看，我们可能永远都不能确认接待员到底是粗鲁还是在处理紧急事务，或两者兼而有之。但是，这重要吗？或者说，真正重要的是你因此感到不安、恼怒和沮丧。每次有这种模糊和沮丧的想法时，都问问自己这些问题，并努力寻找积极思维，做出改变。

确定了积极思维有助于培养更健康的心态后，让我们来看一些简单的练习。

我今天做得很好

想要培养积极的心态和复原力，就要每天训练自己的大脑，一个简单的练习就是"WWW方法（What Worked Well today? 你今天做得很好的工作是什么？）"，可以每天和朋友、家人一起在餐桌上进行。如果你已为人父母，切记一点，孩子们会效仿榜样，只有你坚持这个习惯，他们才会跟着练习。事情可能很小，也可能很大——从你奖励自己的巧克力棒，到你一直在等待的升职——只要你能说出至少一件今天做得很好的事情，你就一直在进步。

感恩日记

如果你喜欢写作（不喜欢的话也可以考虑一下），在感恩日记中记录生活是非常有效的。你想感谢什么？有哪些可以记录的积极的反思？你从这一天、这一周、这一个月中学到了什么？你打算以后在哪些方面下功夫？

对明天充满期待

这个练习与WWW方法非常相似，是以未来为导向的，它要求你每天为明天找一件你期待的事情，不论大小——从阅读一本刚买的新书，到享受一场假期。当然也可以更长远一些，比如攒钱买一辆代步车。

收听积极心理学广播

这是我每天上班路上都会做的事情。你可以在汽车、火车、甚至走路的时候听（当然别忘了小心看路）。我在Spotify（流媒体音乐平台）上找到了一个我很喜欢的免费广播频道，因此我再也不会沉溺在过去里。听着别人分享他们的经历、他们的希望，会提醒我自己是多么的幸运，并且永远激励着我。

"我花了几年时间，从'消极的南希'变成了'无聚会不能活的南希'。说实话，有时候我也觉得自己走到了另一个极端，你懂我的意思吗？我永远不知道真实情况是怎样的，我是太消极了，还是太积极了？但有什么关系呢，我才不管呢。只要不再受抑郁症的折磨就足够了，这才是我最关心的。"

总结

　　消极思维主要存在于有心理健康问题和低复原力的人身上。任何被诊断出患有抑郁症和焦虑症的人都会说：真的特别难受。我希望我能告诉你有一个简单的解决办法，但这样的方法并不存在。转换成振奋且积极的思维需要一定的努力，这一章就是激励你付出努力。正如我跟所有病人说的，我们无法对自己的心理健康负责任，但我们要对自己所做的事情负责。所以你今天会如何应对你的消极思维？你会用ABC模型来练习吗？你会听积极心理学广播吗？会使用WWW方法或者写感恩日记吗？这些东西都是有帮助的，但归根结底，你要相信自己是一个强大的人，改变源自内心。如果你全力以赴，你将改变你和周围人的生活！

任务

回顾一下你的生活和你的人生观。你对它满意吗？是否还需要努力？如果还需要努力，请写下你的承诺，或者告诉别人你今年打算再次努力提高自己的复原力。请把它列为一个目标和优先事项。

观察你身边那些态度非常积极的人。写下他们的特点以及他们在生活中的表现，然后考虑这是不是你想要的东西。

想一想你今天的经历。你能从这些事件中看出你的想法吗？它们是积极的还是消极的？是什么让你这么判断？

选择一个消极的事件，并应用于ABC模型。当你把消极的想法转变为积极的想法时，会出现什么？结果会发生怎样的变化？

每天晚上练习WWW方法。不要羞于和别人分享练习的内容。练习得越多越早，就越容易产生灵感。

每天早上准备一天的工作时，多想想那些令你期待的事情。它可能是一个新的挑战或一些让你感到愉悦的事情，只要能让这一天有一个积极的开始。如果你什么都找不到，那就再努力一下吧！

每天做一点CBT项目，比如"心情体操"。你可以选择单独进行，或者和孩子或伴侣一起。要让它变得有趣并具有挑战性。

练习积极的肯定。可以在镜子前，也可以是在上班路上的车里，又或许是加入一个每天分享正向肯定的社交媒体群里，无论哪种方式，都要让自己处于积极的氛围里。

谨慎选择交往的朋友。"你是你选择最常接触的5个人的平均水平"这句话说得很对。如果周围都是消极的人，你会变得更加消极，如果选择和积极的人做朋友，那么你也会变得积极起来。请慎重选择你的伙伴，负面情绪会滋生负面情绪！

写下你培养健康心态的3个理由。是什么给这个过程赋予意义？谁会从更健康、崭新的你中受益？你的真正动力是什么？只有当你找到一个真正的理由来支持改变时，努力才能持久。如果能找到一个重要的理由来带动你做事情的积极性，一定会事半功倍！

学会调节情绪

　　每个人都会有情绪，有时是积极的，有时是消极的，这些都是日常生活的一部分。根据自己的复原力水平、自我控制水平、当时的心情甚至周围发生的事情，我们会以不同的方式处理这些情绪。如果人们的情绪调整得很好，情绪韧性很强，那么在一定程度上就更容易处理生活中的"过山车"情绪。

　　回顾你成年以后的生活，你是如何管理压力、情绪甚至危机的？它是容易的还是困难的，还是有些起伏不定？

　　"每当有人让我生气或不高兴时，我的胸口就像有一座火山在爆发。我感觉到刺痛从脚趾尖开始逐渐蔓延，直至到达我的手部。我的情绪快得没人能够阻止。最后，我要么痛哭，要么暴走……"

　　管理情绪的能力被称为"情绪调节"或"自我调节"，意指通过调整情绪、身体或社交活动，调控我们在面对外界刺激时的兴奋水平。人人都有为难的时候，对我来说，社交活动是令人痛苦的。避无可避的时候，我必须做出一些相应的自我调节，才能妥善应对。我在参加社交活动时的应对策略是与一个值得信赖的人待在一起，深呼吸，背我最喜欢的包，或者以积极的态度来应对这次社交活动等。

考虑一个这样的场景：你参加一个工作会议，你的老板在会议上把3天前你向他展示的出色的投资组合的所有功劳都归于他自己，你的本能反应可能是僵住然后起身离开或想要掐死他（开玩笑）。无论哪种方式，你的情绪都很可能会被触发，这时候你会如何应对？

在回答之前，请试着想一想，在没有处理好情绪的情况下就冲动行事，会给你的工作、事业或个人信誉带来什么后果？有两种选择，你可以选择沉着冷静地应对，或者选择暴跳如雷地发泄情绪。为了维护你的声誉，直到会议结束，你必须保持冷静和专业。你可以选择私下里和老板谈谈，礼貌地表达自己的想法。那么与此同时，你要如何在会议上调节挫折、愤怒或悲伤的情绪？

身心相通

调节情绪的一种方式是通过感官帮助我们放松、平静并舒缓情绪。我们使用感官的方式是因人而异的，并且与当时正在经历的事情有关。例如，在课堂或会议上感到困倦时，你可能需要响亮的掌声来唤醒你，但是当你感到非常焦虑时，响亮的掌声可能会让你更焦虑！

试试下面的练习：首先，给自己找一个舒适的位置，也许是你最喜欢的扶手椅里、游泳池边或者躺在床上，然后放松，集中注意力，注意你的5种主要感官。当你静下心来，除了那些声量明显的，你还能听到什么？是远处的鸟声，是风扇的嗡嗡声，还是远处火车的嗡嗡声？再说视觉上的发现，这时候不要把注意力放在眼前的东西上，去注意周围环境中的细节，注意油漆脱落的地方，天花板或窗台上的蜘蛛网。当你关注这些的时候，你就会把注意力放在当下，放在现在。然后再继续关注你的其他感官，你能用手感受到什么？是手掌下柔软的材料，还是拇指尖下粗糙的皮肤？你的味觉和嗅觉呢？

这个练习的目的是帮助我们更加熟悉感官，并让精神聚焦当下，同时更好地控制情绪。认识了感官之后，让我们看看如何将它们用于不同的目的。

"我第一次用感官练习正念时，觉得'这就是一堆垃圾'。但实际上，它很有效。我闭上眼睛，开始听到一些我从未注意过的东西。专注于感官感受之后，我感觉更平静了，情绪也更通畅了。感官真的可以帮助我们从情绪上调节自己！"

所有的感官都能够抚慰或提醒自己。当我们焦虑或高度紧张时，平静的感觉会让我们感到放松。当我们过于放松或迟钝时，感官又可能会想要寻求一种刺激的感觉。掌握正确的方法和了解自己的喜好非常重要。来看一下如何利用感官来实现我们所追求的心情。

感官	冷静	警觉
嗅觉	香薰蜡烛	浓郁的香水
味觉	温茶	冷柠檬水
视觉	看海	舞池彩灯
听觉	轻柔的音乐	警报声
触觉	抚摸或按摩	挠痒痒或拍打
口腔运动	嚼口香糖	酸溜溜的棒棒糖
前庭器官运动	摇摆	跳舞或跑步

感官调节的关键是在过于平静和过于刺激之间找到平衡点。过于平静可能会让人难以留神和专注，在这种状态下，人会觉得不自在（比如开会的时候温度太低，话筒不够响亮）。精神过于紧绷的时候，思维可能会有些跳跃、紧张和无法集中注意力，想象一下在海滩上一边看鲸鱼一边做波比跳（一种健身动作）！你

会发现体验并不是那么的美好。

了解自己的需要

想一下你一天的情绪状态，注意它的程度变化：从"非常平静"到"十分警惕"，介于中间的某处情绪可能是最稳定的。情绪变化表大概如下所示：

需要警惕	平衡型	需要冷静

你白天是否有时感到容易困倦，有时感觉一切都不会变好了？请找出3个典型行为的例子填入上面的表格中。完成之后，看一下它们所在的位置，你对这件事是否反应过激，还是反应太过平淡了？对你来说，什么才是平衡的"中间点"（也许第37页表格中列出的一些活动可能有助于平衡情绪）？

"我儿子今年14岁，正面临各种各样的问题。他在学校里过于焦虑，根本无法融入课堂。但是在家里时却很吵闹，而且相当具有破坏性。我们的解决办法是，先找出这些问题并填入表格相应位置，然后教他用感官来平衡自己。带一瓶薄荷油去学校对他非常有用。每次感觉到焦虑加剧的时候，他就会闻一下薄荷油的味道。在家里时，我们会让他进屋之前先在蹦床上跳20分钟。这些都是很简单的技巧，付诸行动，效果会很好！"

付诸行动

在这一章中，我们将讨论如何准备一个"感官包"，可以在没有任何准备的情况下直接使用。准备一些随手可用的东西，在我们需要使用"感官包"的时候不必绞尽脑汁地寻找。比如使用缝纫机或做手工，可以让你从不知所措的状态中回归平静，又或许是读一本书、走一条特定的路线和抚摸一只猫咪，也可以让你获得心灵的宁静。这个新策略是要让你设定一个感官上"首选"的活动，它易于获得、简单且愉快。

考虑以下3个案例的情况：

约翰的工作压力非常大，最近回家都很晚。最近，完成了一个大项目后，他的情绪有点低落。他的家人也为了照顾他的情绪变得小心翼翼。后来约翰开始应用感官调节的方式，并决定用"回家例行程序"来让自己平静下来，包括在回家的路上听轻音乐（听觉），在开始与家人交谈之前先洗个热水澡（触觉），给自己泡一杯薄荷茶（味觉），和妻子在门廊上一起喝茶，交流当天的新闻。

丽莎是一位家庭主妇。自从双胞胎出生后，她就睡不好觉。4年来断断续续的睡眠让她疲惫不堪。她决定尝试一些感官调节方法，即每天晚上在枕头里加一点薰衣草（嗅觉），睡前在摇椅上一边轻摇（平衡，前庭）一边阅读30分钟（视觉）。

莎拉总是在醒来后感觉很沮丧。她觉得生活毫无希望，找不到任何东西能让她"醒过来"。后来，她尝试在身体上擦橙子和薄荷味的身体乳，这种味道总能让她感到"清醒"（嗅觉和触觉），再去跑步一个小时（运动、前庭），然后以更积极的态度开始一天的生活。

这3种情况有什么共同点？

• 预先计划的感官策略；

• 简单易行的选项；

• 根据当下的需求进行个性化的、有针对性的设计。

使用感官调节的关键在于简单易行。没有人愿意在已经感觉到烦躁或昏昏欲睡的时候去做烦琐或耗时的事情。

建立感官清单

我们可以利用多个感官保持平静和清醒，所有感官都能够达到这两种目的。要想成功使用感官调节，关键在于做好准备并罗列出各个选择。我们可以想一些点子，创建一个"首选"感官清单。这些只是建议，最重要的是创建专属于你自己的清单。

当你写下自己制定的感官策略时（见下文），可以再考虑一下可能会用到这些策略的特定场景。我们可以把这些特定场景称为"橙色"情况——那些可能会让人觉得太过刺激或太过沉闷的环境和事件。预测自己可能会感到情绪失调的情况，可以帮助我们解决麻烦，甚至防患于未然。我会给出一些例子，读者可自由增加。

我的"橙色"场景

- 人群
- 嘈杂的环境
- 特定个人
- 关于财务的讨论
- 关于我的健康的会议
- 某些周年纪念日
- 某些地方
- 驾驶

我的"首选"感官策略

感官	警报策略	冷静策略
听觉	• 嘈杂的音乐 • 警报 • 人群 • 撞击物体 • _____	• 轻柔而宁静的音乐 • 背景白噪声 • 饮水机 • 有节奏地敲击
视觉	• 鲜艳的色彩 • 霓虹灯 • 杂乱或繁忙的场景 • 视频游戏/手机游戏	• 柔和的色彩 • 宁静的场景或绘画 • 水族馆 • 熔岩灯
触觉	• 挠痒痒 • 冷水淋浴 • 摆弄玩具 • 深度触摸或强压	• 背部摩擦 • 负重毯 • 压力球 • 紧身衣
嗅觉	• 强烈的气味（薄荷、橙子等） • 难闻的气味 • 特定香水 • 与警报记忆有关的气味 • _____	• 香薰蜡烛 • 香味浴霸 • 枕头上的薰衣草 • 童年记忆的味道
味觉/口腔运动	• 硬饼干的咬碎声 • 酸味棒棒糖或饮料 • 辣味食物 • 吹风车、口琴或气球	• 吮吸棒棒糖 • 用吸管喝水 • 温茶 • 甜品
移动/平衡	• 有氧运动课 • 快速舞蹈 • 急剧运动 • 跺脚/拍手 • _____	• 口香糖 • 慢跑 • 瑜伽/普拉提 • 慢舞 • _____

我的"感官包"

我们前面确定了可能会触发情绪的一些"橙色"环境、场景或事件，这一节将讨论如何识别这些情况，并找到解决方法来让自己保持适当的平静或兴奋，帮助你在"橙色"时刻保持稳定。毕竟，当我们的情绪越来越不稳定的时候，调动或使用感觉策略也会变得越来越难，那个时候没有人会有时间和精力去翻遍整个房子，寻找那些可以让人平静、放松或气味好闻的东西。

"我们决定以家庭为单位制作一个'感官包'，人人都要参与。晚上家庭聚会的时候，我们围坐在一起，用专门买的手工艺品尽情发挥创造力，我的成品应该是最精致的。我的丈夫也参与了，我看到他时不时地偷偷往嘴里塞那种酸酸的糖，我的女儿们也做了她们自己的'感官包'，虽然不知道放在了哪里，但至少我们都清楚了各自的触发因素，并学会了利用自己的感官去平衡。"

在这一部分，我们将致力于讨论如何提前制定一个随时可以使用的"感官包"。

感官包的目的

我们对自己的"橙色"场景有各自不同的反应，可能在某种情况下感到沮丧和绝望，在另一种情况下感到愤怒和高度警惕。那么你制作"感官包"的目的是什么？你希望它专门针对某一个问题（那就需要多个"感官包"，如警报包、镇定包等），还是希望创造一个全能型的"感官包"？

"感官包"有什么类型

有些人喜欢盒子，但我自己喜欢正式一点的工具箱，有盖子和说明书，有的人喜欢随意一些的，比如拉链袋或铅笔盒，甚至干脆放在抽屉里。你还可以选择用特定的风格来装饰它，也许是色彩丰富、柔软明亮的风格，或是朴素的风格。

放入哪些物品

确定了"感官包"的目的之后，就要把一些物品放进去。这些物品将帮助你以积极的方式，通过感官来调节你的情绪。有些物品可以帮助你提神醒脑或者保持冷静，所以要谨慎选择。可以纳入的物品包括：

- 护手霜
- 压力球
- 绘图工具
- 诗集

- 数独[1]或拼词册子
- 指尖陀螺
- 口香糖
- 酸糖
- 巧克力棒
- 放松磁带
- 图片
- 石头
- 纪念品

- 沙包
- 音乐盒
- 迷你风扇
- 精油
- 面塑
- 香水
- 米箱
- 气球

其他类型的策略

不管是面临危机，平衡触发因素，还是在调节情绪的紧张时刻，感官调节都起着重要作用。我们还要了解感官调节之外的其他策略。根据辩证行为疗法（Dialectical Behavior Therapy，简称DBT），还有其他重要因素会影响情绪，如：

- 健康饮食
- 积极的生活方式

1　数独：一种逻辑游戏。

- 充足的睡眠
- 治疗任何身体疾病
- 远离酒精、毒品等
- 自我照护和积极的日常活动（下一章将深入讨论）

结合上述问题，你觉得自己做得怎么样？想象一下，一种情况是父母只睡了4个小时就要起床照顾孩子，到了午餐时间却还没顾上吃早餐；另一种情况是父母睡得很好，和小宝宝一起吃过早餐后计划下午去上健身课（届时可以把幼儿交给朋友或健身房的托儿所），这两种状态下的父母，哪个会精力充沛，每天积极地面对生活？

基于辩证行为疗法，其他情绪调节策略还包括：

视觉化

想象你在一个小岛上，天空是蓝色的，只能听到海浪撞击岩石的声音。你可以在脑海中随意想象，只要它能让你放松，积极向上。

深呼吸

这个技巧人人都会，你只需要在识别出某个"橙色"触发因素后，立刻深呼吸。感受你的胸部随着呼吸慢慢抬起来，然后缓缓地沉下去，重复至你精神放松为止。

慢慢数数

这是另一个放松练习方式，可能不适用于每一个人。如果你感觉有帮助的话，请在心里慢慢数到10。也可以一边深呼吸一边数数。

微笑

练习对着镜子微笑，或者发现自己紧张时就对人微笑。听起来很傻，但确实有用，这样的行为像是我们的身体在说服大脑：一切都好。

分散自己的注意力

你是否可以通过别的事情管理当前的情绪？比如数地板上的瓷砖，或者关注收音机里播放的歌，这可能有助于消除一些紧张感。

积极的自我暗示

我们跟自己说的话会影响到自己的情绪（回想一下"树立正向思维"中讨论的内容）。多告诉自己一些积极的、令人安心的、温暖的或平静的事情，也许能缓解一些情绪失调。

"我以前有严重的情绪混乱，20多岁时被诊断为边缘型人格障碍。经过几年的治疗后，我独自一人回到家里。当时没有治疗师在身边，是这些情绪调节活动给我带来了巨大的改变。它们是有效的，只要你真的努力了。"

总结

在本章中，我们讨论了日常生活中的情绪调节，以及运用感官调节策略。我们的感官是非常强大的，可以帮助我们在必要时更加清醒或更加平静，更好地控制情绪。还有其他非常有用的策略，如果有人对DBT特别感兴趣，我强烈建议你研究一下你所在地区的DBT团体，或者在互联网上查找可用于调节情绪的练习。健康的情绪调节是从健康的生活方式开始的，要保证自己吃得好，睡眠充足，照顾好自己。个人需求不同，但有一点是肯定的——你和其他人一样重要。所以，你要认真地关怀和爱惜自己的身体和心灵。

任务

每天晚上保证7个小时的睡眠是帮助情绪调节的重要方法。

给自己准备一天的食物。无论在家里、学校还是工作，健康的零食能让你充满能量。过量或过于油腻的食物对身体没有好处。要摄入足够的营养。

正念减压法。跟随本章的练习，找一个舒服的地方，开启每一个感官，直到你觉得自己现在身心放松。

熟悉你的感觉。练习并熟悉每一种感官在过度紧张与平静之间的状态。

给自己做一个好看的"感官包"。去吧，我知道你想要一个！

练习上一章中的积极心理学技巧，它在这里同样重要，练习就对了！

记住深呼吸、微笑和分散注意力。只有平常练习过，才能在遇到紧急情况的时候熟练运用。

在本章最后，请完整地列出你所选择的感官策略（保持警惕的和保持平静的），以及你的"橙色"场景。这样就算万事俱备了。

学会自我关怀

自我关怀也是一个我们经常听到的概念。和自尊一样，它涵盖的意义有点模糊，而且一般人只要对别人提起它就会感到难为情。父母在自我关怀上会倍感纠结，因为自我关怀包含着花费金钱、时间以及因陪伴伴侣的时间不够和不够快乐而产生的自责。但实际上，不仅是父母们，人人都需要暂停下来，关怀自己，拥有"独处"时刻。不管是重新振作，还是参加一些活动，或者悄悄地犒劳自己，这种自我鼓励对我们的复原力和应对能力都是至关重要的。

"自我关怀……代价是什么？我的家庭，还是我的工作？"

"自我关怀……但我到哪里去弄钱呢？"

"自我关怀……在我的生活中有这么多问题、困境和紧急的事的时候？"

"我听说自我关怀很重要，但要怎么做呢？一想到每隔一段时间躲会儿清静，我整个人就生出自责感……"

大部分人承担着很多生活责任，包括家庭、工作和财务等。

对许多人来说，尤其是母亲，由于要照顾孩子，所以先洗个热水澡放松一下再做家务，是一件不太现实的事。但是想要拥有健康的人生观，自我关怀和积极思维及情绪调节一样重要。没有自我关怀，就没有稳定的情绪健康。

自我关怀对我们有什么帮助

缺乏自我关怀会导致身心疲惫，如果没有适当的自我关怀，我们会变得很累，无法承担那些需要处理的工作。无论是家庭责任、紧张的工作还是重要的决定，自我的"独处时刻"不足，会影响工作能力和执行能力。自我关怀本身并不会对健康产生显著影响，但它可以让人放松身心，从而促进身体的健康。因为人们进行自我关怀的时候，会引起多种激素变化，进而提高免疫力，减少压力，并帮助调节情绪。

如果父母或儿童监护人不把自己的需求放在首位，会在生活中有力不从心的感觉。当我们感到无力、愤懑或疲惫时，就很难再去照顾他人。忽视自己的人一般自尊程度较低，容易忧愁。

自我关怀不仅会带来身体和情感上的改善，还有许多其他裨益。首先，这是一个很好的树立榜样的机会。比如说，我的母亲是我认识的最善良的人，她虽然很忙碌，但是会不断地鼓励我和妹妹好好照顾自己。然而，我从来没有看到她把自己放在首位，她没有享受过一次泡澡、一顿美味的饭菜或者一个精彩的电视节目。当我们的榜样以亲身经历告诉我们，好妈妈从来不会把自己放在第一位时，我和妹妹怎么可能会坦然地关怀自己呢？

因为我妈妈不是一个自我关怀型的人，所以我很快认识到，不懂得自我关怀就无法成为一个优秀的人，因此我很早就在生活中学会了自我关怀。在我的孩子还小的时候，家庭经济条件有限，没有钱买奢侈品，但我仍然懂得享受"自我"时间。一天中我最喜欢午餐时间，孩子们都在睡午觉，我会到客厅打开电视，拿着火腿三明治倒在沙发上大吃特吃，还能正好赶上菲尔博士和朱迪法官的节目。诚然，这样的自我关怀方式并不昂贵，甚至可以说不太高明，却能让我在孩子们醒来之前及时给自己"充电"。当然，我也可以在没有孩子围绕的时候洗洗衣服或侍弄花草，但这些并不是我想要的自我关怀的方式。毕竟，公司也有强制休息时间呢！

有一个重点需要强调——你自己的需求也很重要。哪怕只是30分钟的休息时间，也会对你的情绪和身体健康产生巨大的影响。自我关怀会在很多方面让你受益，包括：

更高的免疫力

很多研究表明，自我关怀活动可以激活我们的副交感神经系统。简单洗个热水澡或者看着电视吃个三明治就能增强免疫系统。当你在严寒的冬天也很少感冒时，你会感激自己懂得自我关怀。

> "我曾经认为自我关怀是一种自私的东西，只有有钱人和以自我为中心的人才会做这样的事情。我也曾经认为自我关怀就是做指甲或做头发，然后花一大笔钱买垃圾。但是通过针对性的治疗后，我才了解到，真正的自我关怀是免费的，它简单而平和，值得每个人拥有。所有人都应该得到它，不仅仅是富人和名人！"

更高效

学会自我关怀就是学会对自己不想做的事情说"不"，对重要的事情更有动力和积极性。每天放慢一点脚步，会让我们在接下来的日子里有更好的节奏，注意力更集中，工作效率更高。

提高自尊

自尊和自我关怀之间是有联系的。首先，在你宠爱自己之前，要知道自己是值得被宠爱的。经常关怀自我实际上是向大脑发出了一个信息："是的，我值得被好好对待。"长此以往，你会看到你的大脑是如何塑造复原力和积极的心理健康状态的。

缓解压力

高水平压力会导致激素失衡，并影响你对其他事物的判断能力。当你从压力中解脱出来的时候，就能调节自己的情绪（如果你需要被提醒这一点是多么的重要，请回顾"树立正确思维"），而这反过来又能帮助你更好地、更积极地应对周围真正有压力的事情。

了解自己

想一下你愿意为了自己立刻去做的事情，能马上想到吗？你是不是需要一分钟的时间去思考？你现在对自己的了解有多少？你有激情吗？你了解自己的兴趣吗？你懂得自己的需求吗？自我关怀有助于在生活的其他领域里激发和激励自己。当你在自己喜欢的领域里发现真正专属于你的东西时，你会取得更大的成就。

自我反思和独处时间

每个人都是不同的，内向与外向的程度也不同。一些人喜欢社交，而对另一部分人来说，社交则是一种"折磨"。自我关怀可以算是一种社交"暂停"，这对内向的人来说是很重要的，因为他们通常需要一些独处的时间。而且，在更大的范围内，自我关怀也可以给我们提供自我反思和自我分析的机会。这种反省的机会可以给人们带来内心的平静，对自我价值的认同和对自己的真正欣赏。没有这些，就不可能有良好的心理健康状态。

我们应该在哪些方面进行自我关怀

每个人的自我关怀都是不同的。对一些人来说是去吃"种草"了整个星期的甜点，对另一些人来说则是伴着香薰蜡烛的香味洗一个热水澡，或者是度过一个没有孩子打扰的夜晚。但是自我关怀不止于此，我们不仅要把自己放在第一位，还要在方方面面都以积极健康的方式尊重自己的心灵和身体。你可以基于以下几点问问自己如何以正确的方式照顾自己的身体和心灵。

加入积极的社交圈

你身边有可以帮助你提升并支持你的朋友和家人吗？自我关怀也包括周围的积极氛围。与那些可以为我们的生活增加价值的人交往，这样我们可以实现更多的人生目标，而且不会让生活变得糟糕。

注意营养均衡

你的饮食习惯如何？是营养均衡，还是忙碌中随手抓点东西吃？营养很重要，一定要让你的身体获得足够的营养。黑咖啡和吐司并不能算是自我关怀的一部分。你希望家人吃什么食物，自己就要吃什么样的食物。

远离毒品和酒精

你对毒品和酒精有什么看法？这些物品会带来很大的健康风险，请远离毒品和酒精，注意养生。

坚持锻炼

建议每天锻炼30分钟。对于那些不喜欢运动的人来说，这种形式的自我关怀可能会有点难度，但可以考虑把所有你可以接受的方式当作日常生活的一部分。也许是把车停在远一点的地方，然后走一段路，以站立代替坐着，或者下班后和孩子们一起在蹦床上玩。不管是哪种方式，都可以考虑这种忙中作乐的养生方式。如果你想打退堂鼓，可以想一下这种方式也能帮助你减肥。

保证充足的睡眠

你能每晚都达到专家建议的7小时睡眠时间吗？没有什么比

洗完热水澡后依偎在松软的枕头上更舒服的了。如果你正在为睡眠而苦恼，为什么不在你的枕套上加一滴薰衣草精油呢？睡眠不足对体重、意志和抗压水平都有不良影响，所以一定要重视睡眠。

制订个人目标

另一种形式的自我关怀是给自己设定一个目标，并且拥有实现个人成就的能力。对我来说，事业有所进步，参加会议或培训就是一种重要的自我关怀方式。当我以职场女性（而非母亲）的身份出现时，我感觉与自己的另一部分重新建立了联系。不管你的目标是关于爱好、艺术还是一门语言，只需要把目标和个人成长也纳入自我关怀。

"每年圣诞节后，我都会做一件事，就是列出下一年的目标。大多数目标我都实现了，而那些不能实现的目标，我都会在下一年重新审视。我从来没有把设定目标当作自我关怀，但它确实是，它总能让我感到重新振作起来。"

如何开始自我关怀

如果你是自我关怀的新手，你可能不知道如何开始，有些不知所措，甚至觉得自我关怀有些自私。

自我关怀第一步就是确定自己是否会从自我关怀中受益。想一下你的生活、你的压力以及让你坚持下去的积极因素，你需要这个机会与自己独处，充实自己的身体和心灵。自我关怀不仅对你有好处，对你身边的人也有好处，你将成为一个更有魅力、更强大的人，进而为你的工作、你的孩子和你的社区等提供更多的助益。

然而，要开始一个全新的生活节奏是一个很大的挑战。有些人甚至会走向另一个极端，认为自我关怀等于做自己想做的一切。但这不是我想要表达的，这里有几个建议：

从一点一滴做起

可以是每天一次的自我充实时间，也许是提前给自己打包一份健康的午餐——而不是在饥肠辘辘的时候匆匆塞几块放在休息室里的饼干，或者只是去散个步。

写下你的承诺

把事情写下来的好处是，如果没履行的话会觉得自己在撒谎。所以记录下对自己的承诺和一些自己会做的事情，是一个很好的练习方式。最好的自我关怀恰恰是免费且易于安排的。

找一个能激励你的朋友

对于一些人来说，有一个懂得自我关怀的伙伴是不错的。也许这个朋友也正在进行自我关怀活动，也许只是给你出出主意。他们的作用只是提醒你或鼓励你履行自己的承诺，因为对许多人来说，更重要的是接受自己应该得到自我关怀这一事实，而非其他。

寻求支持

我们中的一些人已经很久没有关爱自己了。不管是在饮食、自控力或睡眠方面存在问题，还是有不良的生活方式，或者独居时感到孤独，如果你需要，请寻求帮助。求助全科医生或治疗师是一个好的开始，社区小组、在线论坛和相关书籍都是有帮助的（无论如何，看看我的其他书籍吧！）。

其他建议

- 依偎在温暖的毯子下

- 泡个热水澡或淋浴

- 听音乐

- 抽时间在走廊或天井上待会儿

- 脚底按摩

- 使用香薰精油

- 与宠物玩耍

- 写日记

- 去参加"男孩"钓鱼之旅或"闺蜜"之夜

- 观看喜欢的电视节目

- 读一本书

- 去旅行

- 伴随着最喜欢的曲子跳舞

- 上瑜伽、普拉提或有氧运动课

- 睡一会

- 与朋友共进午餐

- 加入支持小组

- 花30分钟写电子邮件或信件

- 学习新的食谱或烤一个喜欢的蛋糕

• 给自己买一杯热巧克力（或其他热饮）

总结

自我关怀是增强身心健康和复原力中最易被忽视的部分之一。它可能看起来微不足道，但却是平衡生活方式的重要组成部分。如果没有自我关怀，人的压力会变大，身体会出现各种各样的状况，更无法进行积极的思考。自我关怀之所以如此复杂，是因为它可以被归结为人们对自我价值的重视。当人们不重视自己，或者认为自己不值得重视的时候，是不会在繁忙生活中关怀自己的。

在本章中，我们讨论了缺乏自我关怀是如何影响身心健康的，也指出自我关怀可以是低成本、简单易行的。我们处于不同的人生阶段，以不同的速度在生活中前进，虽然时不时犒劳自己吃点实在的东西还不错，但曾经的我所能承担的只是看电视时吃个烤面包三明治。老实说，现在的我已经不想再体味那个时刻了。

请抽出时间思考一下，如何在忙碌的生活中改善自己的生活方式，想想应该如何温柔地爱护自己。如果你不承认自己的价值，别人也不会。

给自己写一封纸质的信。告诉自己为什么很重要，为什么值得自我关怀，尽量写得好看些。

除了鼓励自己，还要列出自己喜欢的自我关怀活动。请真心地享受自我关怀吧，那种因为被别人说胖了才去健身房的行为不算。

写下一天中要操持的所有家务或活动，观察一下，每天做30分钟的家务和每周做30分钟的家务是否有显著的差异。也许差异并不大，所以现在开始多一点对自己的关心，少一些对家务琐事的烦恼。

做一次体检。不要害怕花时间，和医生谈一下妇科或者男科问题，特别是我们平时羞于启齿的健康问题。另外，要直面任何关于成瘾、饮食、睡眠或运动的问题。

如果你是父母、护工或者监护人，请给自己找一个"保姆"，你可以把他当作情绪的"避风港"——这个人可以是另一个同样需要从照顾他人的操劳间隙中喘口气的父母。你可以多找几个这样的人来给自己一个放松的机会，这样还能建立新的友谊。

你还记得我们在上一章中是如何制作"感官包"的吗？在自我关怀这件事上同样可以如此。给自己准备一个自我关怀箱或抽屉，里面可以藏一些巧克力棒，或者囤积一些指甲油或精油。这样一来，你的"感官包"也可以用来自我关怀了。

02

外在工作

提高沟通能力

沟通是理解并掌握强大而坚韧的心态时最重要的技能。如果没有良好的沟通，就很容易产生误解和不必要的崩溃。想象一下你收到一条朋友发来的短信，上面写着"今晚别过来了"，你会作何感想？

天啊！别告诉我他们又要用那种恶心的蘸酱？

或者，

该死的！其他人要恨死我了！

沟通包含发送和接收信息，永远都有可解读的空间。它会受到我们当下的感觉、环境以及过往关系的影响。如果你心情很好，这一天过得很愉快，你会倾向于正向地理解这条短信，但是如果你心情不好，刚被客户骂了一顿，或者昨晚和伴侣吵了一架，你很可能会认为这条短信是在对你发火。沟通技巧包括正确的措辞、语气、肢体语言和正向的假设，而不是自动假设更坏的情况。

> "我从前总是把很多事情憋在心里，后来才学会了更好地表达自己。我周围的人似乎都比从前更理解我了，我们之间的争吵也变少了。有趣的是，沟通技巧还帮助提高了复原力。谁能想到呢？"

沟通分为措辞、语气以及肢体语言。沟通中的措辞涉及与他人交流信息时的实际用词。想要准确地表达自己的想法，正确地用词很重要，"你想要什么？"和"我能为你做什么？"听起来就不一样，虽然语意上来说问的是同一件事。考虑如何正确使用语气时，可以加入一些形容词，诸如"咄咄逼人""消极""悲伤""快乐""热情""有趣的""威胁性的""沉闷的"或"温暖的"和"寒冷的"等。如果有人带着咄咄逼人的语气说："你很了不起，是吗？"你会如何解读这个信息？肯定不会从字面意思理解。同样，如果同一个人大声或快速地说"真是太神奇了"，你会如何解读？如果他们说"了不起的工作！你一定很自豪！"时语气温和，语速缓慢，那么你会有什么感觉呢？比较起来，我们更容易接受温和的语气。

说到肢体语言，你说话时会盯着朋友、同事或亲戚看吗？是否会做很多手部动作或侵犯他们的个人空间？如果在他们提出问题时，你微笑着给他们一点空间或只是看着他们，又会是什么情况？我敢说这两种情况肯定不一样。想想你是否有这样的经历：你的肢体语言在传递与语言完全不同的信息，而最终传递的信息影响了你们的关系。肢体语言与你的语气和实际说的内容是一样重要的。

"那次工作期间开了一个电话会议。说实话很无聊。其间有一次，我抬起头看到了屏幕上的自己，懒洋洋的，双手抱头，手肘放在桌子上。天啊，我赶紧让自己精神起来！"

多使用第一人称开头的句子

看一下这样两句话。

你应该早点告诉我。

对比：

我本可以早点接到通知。

这两句话分别暗示了什么？会给谈话者分别带来什么样的感

觉？第一种说法会让对方觉得你在责怪他们，而第二种说法则暗示如果自己早一点被通知会更好。换句话说，第一种说法可能会让对方产生防备心理，而第二种说法会让对方觉得你顾及了他们的感受，虽然二者本质上表达的意思是一样的。在表达自己的想法和感受时多使用以第一人称为开头的句子，可以极大地改善自己表达的内容给带来对方的影响。复原力能够帮助我们从挫折中恢复过来，但是尽量避免遇到这种挫折也是很有必要的。

使用关系中的积极沟通模型

沟通的艺术其实很容易掌握，这个模型的组成部分包括使用第一人称（我），请求的内容（什么），请求的原因（为什么）和对方的反馈。

我	什么	为什么	反馈

类似：

我真心希望你能在下周的战略会议前完成这个商业企划，可以做到吗？
或者，

我原来想周日能和妈妈一起去市场，女生节那天出去
也可以。你觉得你能接受这个计划吗？

用正确的态度沟通

人们只有先学会坚定自己的想法，才能完成有效的沟通。沟通和谈判有3种主要的方式：进攻型、被动型和坚定果敢型。当然更多的情况下，我们会视具体情况使用被动进攻的方法。

进攻型

进攻型的人在沟通时经常使用令人不适的、具有威胁性的或尖锐的语气，并伴随着类似的肢体语言。他们在谈判时往往带着自己的想法，有自己的节奏，却缺乏灵活性，核心理念是他们的需求先于对方的需求。在这种情况下，谈判往往以进攻型的人"获胜"而告终。这种结果会让另一方感到不满和无力，通常不利于建立良好且健康的关系。

被动型

被动型的人容易对朋友、亲戚或同事"让步"。他们的沟通方式过于简单，缺乏深度和互动讨论，所以他们往往会在事后对

自己感到不满，继而减少沟通次数。原因在于被动的人会在沟通后有这样的疑虑："这有什么意义？"或者对方发现被动的人几乎没有发表什么观点，沟通确实没有什么意义。这就导致被动型的人对社交和自身都感到无助。

坚定果敢型

这种沟通方法被认为是最好的，沟通双方是平等的，并且能够以尊重对方需求、想法和感受的方式自如地分享自己的观点。在自信的谈判中，双方都表现出对当前问题的兴趣，考虑所有的选择，并能解释为什么同意或不同意这些选择。能够自信地进行沟通和谈判的人，更有可能对共同决定的结果感到满意并坚持下去。这个过程在很大程度上有助于提高复原力。

进攻型	被动型	坚定果敢型
霸道的方式	步步退让的方式	平衡的方式
自己的需求第一	自己的需求最后	两种需求都得到考虑
恐吓第三方	使第三方受挫	培养健康的关系

"因为家里有事，我向经理请了一个星期的事假。当她说'不'的时候，我的直接想法是退缩，或者是请病假。但我最终没有这样做，我决定尝试一下自己在阿兹里博士那里学到的方法，坚定一些。所以我在沟通中使用了

第一人称方法和积极沟通模型，直到她批准。我得说，今
天真是个好日子！"

　　无论是在工作还是在家里，问题会时不时出现。掌握良好的
沟通技巧可以为我们的事业发展、精神管理、社交和情感健康带
来巨大的改变。当你发现了问题并愿意讨论它，不妨在与他人沟
通前列出几个初步的想法，比如：

- 我希望看到的是什么？

- 为什么？有关联吗？重要吗？

- 什么是可以商量的，什么是无法商量的？

- 这个话题对对方来说是重要的、困难的还是敏感的？

- 在这个话题上，我如何看待对方的需求？

- 从我的角度，要做出什么妥协或牺牲？

前期准备很重要，但这只是铺垫，下面让我们看一下如何以
积极的思维开启一场真正的谈话。

开启讨论

　　你需要在开始讨论时，先明确问题是什么，为什么会成为问
题。使用第一人称来表达并在一开始就把重点放在客观信息上很

重要（不要从情绪、想法和感觉开始，要从事实开始）。看下面这个例子：

> 关于是否需要投资这个新的商业计划，我们似乎有些分歧。这个计划有优点也有缺点，我认为最好把它们都讨论一下，这样才能就今后的发展方向达成一致。

可以看到，相比下面的措辞，上面这种方式更易于接受，更平和。

> 和以前一样，你又在共识上提出异议，所以又白白絮叨了两个小时。我要去经理那里反映一下。

一旦要开始讨论，就要身心都做好准备，清楚地表达问题所在。双方都亮出自己的观点，使用恰当的措辞、语气和肢体语言。分享观点伴随着思想的流动，双方围绕当前的话题你来我往，比如客观地提出问题，认真倾听，并清晰列出这其中的机遇和后果。总结就是：

• 轮流发言。每个人都应该有发言的机会，谈谈自己的问题及其影响，其他人必须积极倾听，不得打断别人的发言。

• 集思广益。两个人都应该恰当地提出可能的解决方案，详细描述，并解释如何以及为什么选择它们。

●答复。倾听者应反馈自己的想法、意见和考量。

有时候，即使具备良好的沟通方法，交流起来也是有难度的。

"我花了几个月的时间练习坚定果敢的技巧，就在我以为我'懂'了的时候，遇到了这个家伙。天哪，他证明我错了。我告诉你，有些人是不能讲道理的。好在那时候我复原力还不错！"

交流的指引

使用第一人称来沟通

前面已经提过第一人称信息了。你应该说出你的感受，这个非常简单的方法将影响第三方对你的信息的接受程度，无论是亲近之人还是陌生人。要注意说话时用第一人称来描述事实和原因，而不是使用主观或指责的语句。记住使用积极沟通模型，并表示明确的尊重，避免情绪过激。

使用开放式问题

注意你的提问方式。封闭式的问题（要求回答"是"或"不是"的问题）往往会限制讨论的质量。假设你的老板问"你想整理××吗？"你会下意识怎么回答？可能回答"是"或"不是"，又或者反问"你怎么想？"相比之下，开放式问题（"什么/为什么/如何/在哪里"等开头的问题）通常有助于引发思考。用同样的例子，老板问："你觉得这个××应该是什么样的？"你就很可能会用描述或解释的形式来回答。显然，开放式的问题会引起更多的思考，我鼓励你在适当的时候使用这类问题。（声明：我知道有些时候用"是"或"不是"比较好，这一点很令人困惑，稍后会进行讨论。）

把精力留给值得的事情

一个人在一段关系中会经历多次争吵，且不可能赢得所有的争吵，也不可能去争论每一件困扰自己的事情，这是不必要的。我们要从琐碎的事情中筛选出值得争论的事情，假如你能赢得的争吵的次数是固定的，那么你是想吵赢一场愚蠢的事情，还是更愿意把精力留给一场值得你全力辩论的事情？不必在每次沟通中都拼尽全力。

选择恰当的谈话时机

谁不曾在试图和别人说话时发现时机不对？比如当你想要进行一场严肃的对话时，却发现朋友在打电话，经理在吃午饭，或者你的伴侣在玩他最喜欢的游戏。好的时机可能是各方都在休息、平静、吃饱了饭、准备好说话的时候。

充足的时间

当你决定要和上司讨论一些非常重要的事情时，发现他在等待公司CEO（首席执行官）来访，此时你肯定知道这个时间不适合谈论事情。不要在时间有限的情况下开启一场严肃的对话，30分钟，甚至一个小时，都不足以讨论你想要申请6个月长假这个问题。要留出足够的时间来准备你要谈论的话题，讨论这件事，并总结你的想法和感受，防止被其他事情打断。

合适的谈话地点

和朋友、亲戚、伴侣或老板谈论重要事情时，你是否考虑过谈话的地点所产生的影响？浴室、儿童游戏室或火车上是谈论重要话题的最佳地点吗？你觉得安全和舒适的地方是哪里？对方呢？哪个地方能保证你有足够的时间？对一些人来说，谈话的最佳地点可能是他们的办公室、电话或公园里，对其他人来说，可能是在海滩边散步的时候。只要对双方来说是一个安全的地方，并有足够的隐私空间和时间来表达对某个特定主题的想法和感受，具体在哪里其实并不重要。

认真倾听

我们的大脑无法同时说话和倾听，只能优先考虑其中一个。很多来寻求帮助的人把注意力放在了错误的选择上。如果你忙着跟别人讲话，就无法倾听别人，也不知道别人说了什么。如果你在互联网上查找"认真倾听"，会找到大量关于掌握倾听艺术的信息，教你对他人的发言表示感兴趣，并确保你听到了对方所言。简而言之，是在适当的时候保持沉默，等别人说完再发言，注意语气、肢体语言和措辞。重中之重，在你的朋友、亲戚或同事说话的时候，如果你发现自己在想接下来要说什么，那说明你并没有认真听他们说话的内容。

总结

沟通能力是良好复原能力的基础，因为如果没有沟通和协商的能力，我们将难以维持强大的社交网络，而没有这些社会联系，我们容易陷入孤立无援的境地。本章强调了使用第一人称方法、积极沟通模型以及积极的坚定果敢型沟通的必要性。沟通是措辞、肢体语言、语气和语言暗示的组合，也涉及是否认真倾听，是否愿意协商，所以它既复杂又重要。也许从现在开始，你可以观察自己的沟通方法，并开始使用积极的肢体语言，愿意考虑双赢的谈判方式，并认识到，即使努力了，也可能会出现沟通困难的情况。

任务

问候别人，认真倾听，不打断。练习提问题，在别人说话期间不插嘴，并通过肢体表现出你的兴趣。最后讨论对这场谈话的感受。

利用PCiR模型请别人帮忙。先用你通常提问的方式，再用PCiR模型。对比两种方式的不同之处，并评估对方不同的反应。

在征得朋友或亲戚同意的情况下，录下15分钟你和他们之间的对话。仔细聆听，并记录下你使用的语气、措辞、谈话间沉默的时刻或者你们之间是否有深度探讨。思考如何以不同的方式进行对话。

随便选择一个话题（不一定是有争议的问题），先提出5个封闭式问题，然后再提出5个开放式问题，讨论其中的差异，以及不同提问方式对谈话的不同推进作用。

选择一个话题或一个开场白，并分别练习用积极的、被动的、坚定果敢的语气和肢体语言说出来，最后记下其中的区别。

管理焦虑和压力

学会正确地缓解压力和焦虑，是提高抗压能力的另一项基础技能。如果不能正确地舒缓压力，就会在很多方面受到影响，包括身体健康、心理健康、学习或工作表现、人际关系和个人成长。如果压力长期得不到缓解，最有可能发生的情况是人会"崩溃"。虽然常常听到别人说"别给自己太大压力"，但如果真做得到，谁还是现在这样呢？

"焦虑就像一种病毒，在我的生活中持续扩大，直到生活中再没有任何东西能给我带来丝毫乐趣或平静。家庭、工作，更不用说交友……焦虑真的会全面摧毁一个人的生活。"

压力与焦虑

从表面看，压力和焦虑似乎很相似。除非你是训练有素的专业人士，否则很难发现它们的区别。两者有共同的症状，包括：

- 睡眠困难

- 容易感到疲劳

- 过度忧虑

- 无法集中注意力

- 烦躁

- 头痛

- 肌肉紧张

- 心率加快

细看这些症状，压力被公认为是身体在短期内对某个触发因素的反应。触发因素既可以是消极的，也可以是积极的。例如，你在展示一个工作或学习的项目之前，可能会感受到肾上腺素的激增，然后变得紧张，但你也可能会更加专注，督促自己在截止期限之前完成。然而，在其他时候，触发因素并不那么令人愉快，可能会导致睡眠不佳，无法集中精力，甚至完不成任务。有一种情况是，明明工作负荷很重，但你还一点都没做，你会感到压力很大，在这种情况下，压力并不会带来动力或能量，因为如果此时取消工作的话，这种压力就会消失。总的来说，压力不是一种临床疾病，不需要"对应"的治疗，需要的是恰当的放松方式，包括：

• 深呼吸：人们发现，在数到10的时候深吸一口气，然后在呼气的时候倒数，会对缓解焦虑很有帮助。

• 感官活动或正念减压。你的"感官包"是一个很好的工具，要善于运用，并学会置身于当下，卸下身心的压力。

• 锻炼身体。上一章讨论了运动的好处，"善待自己的身体"一章中也会有详细说明。运动可以释放内啡肽（一种与大脑中的受体相互作用的化学药物，可以减少我们对疼痛的感知，并引发身体的积极感觉），有助于压力管理。

• 写日记。动笔是很有效的治疗，可以让人把情绪发泄出来，还能形成一种精神寄托。

• 参加艺术和休闲活动。社会上有很多创意活动，从减压涂色活动到舞蹈、雕塑和摄影，找一个你喜欢的活动吧！

人如果长期处于压力之下，身体会出现各种各样的状况，导致肾上腺素疲劳、高血压、免疫力下降等一系列的身体和精神疾病。有的人可以通过一些方法来控制压力，但有些人做不到，这样一来，这些症状会发展成广泛性焦虑症。

广泛性焦虑的定义是，在至少6个月内，每周过度忧虑的天数多于非忧虑天数。与压力事件本身的严重程度相比，人们对此产生的焦虑感要比事件本身强烈得多。焦虑引发的症状还包括：

- 难以控制忧虑

- 躁动不安

- 疲惫不堪

- 丧失注意力

- 身体疼痛

- 高度警惕

- 精神症状，如头痛、腹痛、头晕等

- 呼吸急促或胸痛

- 出汗过多

- 身体某个或多个功能区域出现障碍或损伤

可悲的是，焦虑症俨然已成为21世纪最常见的精神疾病，约有25%的人在一生中的某个阶段曾被诊断患有焦虑症。我们已经将所有类型的焦虑纳入焦虑症范畴，如社交焦虑症、创伤后应激障碍和强迫症。结果表明，焦虑症患者和抑郁症患者的数量统计结果不相上下，比躁郁症患者或精神分裂症患者多出10倍，比药物滥用障碍患者数量多出3~4倍，占全球所有精神卫生疾病总体统计数字的25%左右，非常触目惊心。焦虑症的治疗方法与我们提出的抑郁症的治疗方法有些不同，不过我们强烈建议你遵循本书前面提出的所有建议。放松疗法对每个人都是有益的，如果还没有发现散步这个黄金放松治疗方式，就着急选择临床治疗，那就太可惜了！除此以外，焦虑症的治疗方法还包括：

• 心理治疗，尤其CBT（有关电子健康计划的建议，网上也可以搜到），是针对与焦虑相关的疾病的治疗方案。患者可以考虑让朋友和家人推荐不错的治疗师，或者咨询全科医生或主治医师。我本人是一名治疗师，所以会有些偏倚。我相信所有的治疗方法都是有用的，即使是传统的"谈话疗法"，也比零治疗和默默忍受焦虑所带来的痛苦要强得多。

• 生活方式的改变也有帮助。例如，你可能觉得早起是个很大的困扰，或者某项工作让生活完全失控了，那你能不能改变一些生活方式去应对和扭转这种局面呢？我们在"学会自我关怀"中讨论过的自我关怀是否可以？比如保证充足的睡眠，摄入足够营养，减少咖啡因的摄入和增强运动等。

• 药物治疗一般是不得已的手段，效果显著。但是抗焦虑药物可能会让你上瘾，治疗重点还是要放在针对大脑的长期治疗上。记得跟你的全科医生或专科医师讨论你的症状和药物潜在的副作用。

"我家每个人都容易紧张，我们就是这样长大的。后来医生诊断我患有焦虑症，并开了药。我当时就说：'啊，可是我不就是有一点压力吗？'他笑了笑，问我今年请了多少天病假。我不需要回答，他挑起的眉毛已经说明了一切。"

为什么我们现在更容易焦虑

大量研究告诉我们，焦虑现象正逐渐扩大，但问题是，为什么？

首先，焦虑一般跟不合理的甚至非理性的恐惧有关，因此经济状况、生活方式和地理位置等客观事实与焦虑的增长之间的联系有限。此外，由于一些国家（例如处于战争中的国家）的专家普遍认为人们的压力水平较高是一种正常状态，所以不认为这样的心理状态是焦虑，这使得评估全球各地人们的临床焦虑水平变得有些棘手。

然而，在过去的几百年里，社会已经发生了明显的变化，而我们的生存需求一如既往的稳固，从猎取食物、寻找水源到远离所有让自己不愉快的敌人或朋友。奇怪的是，这些追求非但没有让我们松一口气，反而使得我们把注意力向内移。我们开始关注自己，关注自己的情感，以及外在的欲望，比如房子、车子和新手机。

由于有更多的时间去关注那些几百年前压根不被重视的事情，所以我们变得更加焦虑。研究表明，现代社会的人们日益增长的焦虑是因为：

孤独的独居生活

多年前，或者像老电影所描述的那样（《查理和巧克力工厂》就是一个很好的例子），我们与孩子、父母和祖父母一起生活。我们的情感来源很庞大，虽然有时会很烦，但绝不会有像今天这样的孤独感。现在澳大利亚约有30%的人口是独自生活的，而我们看到的是，抑郁症的发病率越来越高。这项研究目前还处于早期阶段，可以多加关注。

社交媒体的迅速发展

这是一个很恐怖的问题。越来越多的研究表明，社交媒体的发展与心理健康有很大的联系。自尊与焦虑和抑郁之间有非常紧密的联系（我在《夫妻生活真实指南》一书中有一整章关于此的内容）。几年前我删除了我的个人社交媒体账户，在网上浏览他人的问题或虚假的幸福生活对我而言是一种折磨。我建议你尝试一周不浏览任何社交媒体，感觉一下有什么不同。但是，社交媒体上有很多互助团体和自救方式，我们也应该看到它积极的一面。

生活成本增加

曾经，父母中的一方或夫妻中的一人负责工作，而另一人专注于管理孩子和家庭，但这种模式对现在的许多家庭来说是不现实的。生活成本对我们许多人来说是一个巨大的消耗，许多家庭有债务要偿还，但收入有限。利率在上升，食品和汽油的价格也在逐步上调，我们大多时候都在为了赚钱而奔波。

空气中的化学物质

加利福尼亚大学在2013年发表的一篇文献表明，环境中的污染和化学物质会影响胎儿发育，可能会影响我们的基因组成，还会增加精神疾病的发病率。但在得出任何合理结论之前，我们还有很长的路要走。

"我的焦虑和压力最后通常都变成了愤怒。当我没有好好管理自己的焦虑时，我是知道的，因为再微小的事情都会激怒我，而最终结果就是向家人或同事发火。"

如何评估

考虑一下自己现在的压力和焦虑，把你的症状分成以下几类：

- 身体因素

- 情感因素

- 精神因素

- 社会因素（家庭生活、工作、朋友和家人）

你的症状多久出现一次？留意过它们的强烈程度吗？请根据下面的表格把它们归类为焦虑或压力。（记住，压力不会持续，但焦虑会）也许现在对你而言是一个很好的时机，可以把这些症状写下来，或者和一个值得信赖的朋友谈谈。

症状	强度（1~10）	频率（1~10）	焦虑还是压力？
全身性疼痛			
疲劳			
恐惧			
胃部不适			
出汗			
胸部疼痛			

（续表）

症状	强度 （1~10）	频率 （1~10）	焦虑还是 压力？
食欲问题			
睡眠问题			
噩梦			
恐慌症			
注意力问题			
愤怒或易怒			
功能问题			
口干			
无法参与社会活动			
其他			

结果是否让你感到惊讶？现在来看一下这个箭头，你如何评价压力和焦虑对生活的影响？

根据这两项活动，选择最符合你结果的表述：

• 我相信我的压力或焦虑在控制之中，没有影响到我的（或我朋友、家人）健康或幸福。

• 我认为我的压力或焦虑需要关注。虽然我的生活相当正常，但我的（或他人的）生活质量还需要改善。

• 我觉得我的压力或焦虑已经失去控制。如果我不尽快解决它，我将（或我已经）无法处理日常生活。

如果你在箭头上的得分相当高（影响很大），也许是时候认真考虑一下之前提到的策略了。如果你分数较低，那说明你做得很好，一定要保持下去！

明确你的感受

对许多人来说，焦虑的具体来源是未知的，或者是略显混乱的。可能他们知道购物会带来压力，但无法确定其中的机制、压力类型或压力原因。第92页是我在治疗中使用的一个练习表，你可能也会喜欢。这个表有4个框，每个框都有一个标题。在练习期间，专注于你脑海里的感觉，闭上眼睛感受它。在大脑中来回地想这个表，直到完全熟悉。

使用一张A4纸和彩色铅笔，思考第一个框——颜色。准备好以后，从铅笔中选择一种能代表你感觉的颜色涂在方框中。做完这些后，移动到下一个框——形状，想一想你会用什么形状来形容你的感觉，可能是一个正方形或无限符号，或任何你能想到的形状，然后画下来。接着移动到第三个框——图片，用彩色铅笔画一个代表你的感觉的场景，到了这一步，你应该开始对脑海中发生的事情有了一个更具体的了解。最后一个框是"词语"，请找出一个词来描述真正让你不安的东西，也许是"工作""怀孕""金钱"或"复活节晚餐"。如果认真填写，这个练习将会帮助你确定是什么造成了你的困扰。希望通过这些方法，能帮你更好地面对压力。

颜色	形状
图片	词语

我的压力来自哪里

在"学会自我关怀"一章中，谈到了要知道我们的压力和情绪失调的根源在哪里。很多因素会影响我们的情绪健康，包括但不限于：

- 睡眠不足

- 饥饿

- 各方之间的紧张关系

- 疾病或疼痛

- 财务问题

- 工作问题或研究问题

- 文化和政治环境

- 坏消息

- 任何类型的创伤事件

- 噪音或人群

- 热或冷

- 消极思维

你可能会好奇列出这些的目的是什么，很简单，如果你发现每天上午10点左右，也就是在你饥饿的时候，你会感到一阵焦虑，那么在焦虑来临之前吃点零食可能对你很有帮助。同样，如果你注意到每天晚上6点打开新闻的时候，你的压力水平会急剧上升，你可能要考虑换一个晚间活动了。因此，了解潜在的焦虑触发因素将帮助你培养应对压力和焦虑的复原力，不管是内部还是外部因素。当你感到压力或焦虑时，你可以试着填写这张表格，帮助自己找出潜在触发因素及其出现时机。

我的问题清单

我的身体怎么了？
（我是饿了、累了还是病了？）

_____

_____

_____

我周围是什么情况？
（太吵了、太拥挤了还是太热了？）

_____

_____

我脑子里在想什么？

_____

_____

_____

日期：

事件：

想法：

很多因素都会影响我们的压力反应，了解这些触发因素会帮助我们更好地控制压力。

我的焦虑管理计划

本章讨论了管理压力和焦虑的策略，将这些策略整合成一个焦虑管理计划可能会对你有所帮助。然而，对某一个人有效的方法可能对另一个人无效，所以要根据自己的需要来调整自己的焦虑管理计划。总的来说，焦虑管理计划包括：

√ 放松策略　　　　　　　　　√ 咨询

√ 健康护理检查　　　　　　　√ 药物

√ 良好的营养、睡眠和活动水平　√ 解决内部和外部因素

√ 正向思维　　　　　　　　　√ 艺术、手工艺、音乐、阅读或

√ 社交支持和支持小组　　　　　其他爱好

√ 自我关怀　　　　　　　　　√ 电子健康计划

　　让我们来看一个焦虑管理计划的例子（不包括医疗专业人员要求的药物和其他建议），你可以基于自己的需求来实施。

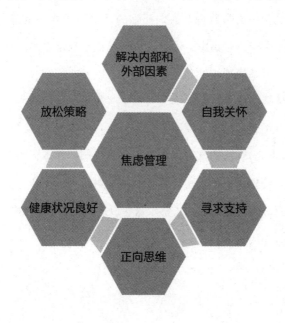

虽然这个计划比较基础，仅用于说明其目的，但目前为止，它展示了我们在本书中讨论过的多种策略，而现在我们需要把其中的一些策略整合在一起。所以现在，我希望你能评估一下自己的焦虑程度，它们是否成为你的日常烦恼，以及你想要如何制订你的焦虑管理计划。做完这些之后要善加利用，总而言之，要行动起来。

总结

焦虑和压力是21世纪人们面临的最大问题之一，每4个人中就有一个人经历过焦虑，而且这种情况似乎只增不减。复原力的能力之一就是管理焦虑和压力的能力，以及在家庭、工作和其他环境中保持情绪稳定的能力。虽然大多数人会经历压力和焦虑，但只要有正确的心态、周围人的支持以及使用这些解决方法的决心，这些压力和焦虑都可以得到很好的控制。在本章中，我们讨论了一些管理焦虑的方法，你要观察你对压力的反应，并如实地评估它们对生活的影响。了解了这些以后，你打算怎么做呢？

还记得ABC模型吗？现在正是练习的好时机。积极的自我对话可以战胜我们消极和扭曲的思维，并换成有益和建设性的思维。每当你的思想在焦虑的深渊中徘徊时，一定要练习这个方法。

写下你的症状。1~10，你的症状处在哪个程度？你可以使用放松策略来处理这些症状，还是要寻求更有针对性的帮助？

思考本章提到的放松策略，然后添加3个自己的策略。请至少全部尝试一次。如果你对其中任何一项都不满意，可以再增加3个。

在视频网站上搜索"可视化"练习或类似的内容。找几个能帮助放松的音频（强烈推荐迈克尔·西利的），可以经常听。

参加一项体育活动。不管是瑜伽课还是和朋友一起定期散步，总之要有一个定期的活动。在此期间大脑会释放内啡肽，带给你愉悦感。

寻找你所在地区的社交团体。这个团体不一定是有关焦虑的，也可以是关于育儿、绘画、汽车驾驶或学习西班牙语。与他人保持良好的联系可以在很多方面帮助自己。

找一个伙伴来支持和鼓励你完成压力性任务，比如陪你参加社交活动，或者陪你驾车熟悉这座城市。有了朋友的陪伴，很多事情就不会那么令人烦恼了。

定期进行体检，用"治疗性生活方式改变（Therapeutic Lifestyle Changes，简称TLC）"保持身心健康。

设计并阐明自己的焦虑管理计划，然后付诸实践。

学会控制愤怒

当我在写这本书时，我考虑过是否需要留出一章来谈一谈关于愤怒管理的内容。无论我们承认与否，如何控制愤怒情绪是我们大多数人在工作场所、家庭和社交圈中不得不面对的问题。有时候，我们甚至不需要与人接触就会产生愤怒情绪，它只是很自然地就出现了。

　　"我记得看《绿巨人》时，听到有人说'生气是他的
　　超能力'。多年来我一直以为自己也有同样的超能力，后
　　来发现这并不是一件好事的时候，我非常震惊！"

感觉到愤怒和无法管理愤怒有很大区别。一个是正常的、可预期的情绪，而另一个则意味着出现了相关的负面行为。因此，本章并不是要教你控制自己的脾气，也没有要做愤怒管理课程，仅仅是帮助你正视自己的愤怒，认识何时应该控制愤怒情绪，何时需要进行情绪管理，并提供一些简单的可行策略。我将在本

章后半部分再次讨论这个问题，如果你认为你可能有愤怒管理问题，或者你（或其他人）的愤怒正在使你和其他人处于危险之中，请寻求帮助。感到愤怒是正常的，但在这个过程中伤害他人则是不正常的。

什么是愤怒

愤怒是对触发因素的一种自然反应。大多数人会经常感到愤怒。在原始社会，它是我们生存的主要情绪，它帮助我们保持警惕性和储存食物，所以被视为积极的情绪。而如今愤怒主要与做错事有关，与不良行为联系在一起。

生理上的不适会引发轻微的愤怒情绪（参考上一章关于观察内部和外部因素的内容），诸如当我们压力过大、疲劳或感到疼痛的时候，都会比平时更愤怒。另外按照马斯洛的"需求层次理论"（见下文），我们可以看到人有很多不同的需求，从基本需求到自我实现（实现自己的全部潜能）。要想实现最高层次的需求，就要先满足基本需求。简而言之，如果一个人无家可归，经常受到伴侣的虐待，或者每天都在挨饿，那么他将很难实现他的人生价值。当我们的基本需求得不到满足，或者在需求金字塔的底层挣扎的时候，我们会感到愤怒，这是我们的心灵表达挫折感的方式。

自我实现（创造性、潜能、了解自己）

自尊需求（业绩、成就、自豪）

归属感和爱（爱情、友情、被接纳）

安全需求（稳定、安全、信任）

生理需求（食物、水、居所、性、保暖）

改编自马斯洛的"需求层次理论"（1943）

挫折并不是唯一会让人生气的东西，批评、威胁、意见分歧甚至非理性的信念都会助长我们内心的恶魔，带来恐惧、孤独或误解。

愤怒并不只是以一种情绪的形式出现，它会在短时间内影响我们的身体、情绪和社交方式，例如：

- 血压升高

- 肾上腺素释放

- 心率加快

- 出汗

- 咬紧牙关、握紧拳头等

- 行为改变（从孤僻到失去控制）

- 情绪爆发

- 交流延迟等

如果只是偶尔出现这些症状，是可以合理控制的。但如果经常生气，血液中就会释放大量激素（包括肾上腺素和皮质醇，在飞行或战斗状态时也会释放这类激素），这些激素可以为人体提供能量、力量和注意力。从某种意义上说，它们的存在就是为我们提供所需的动力，以对抗任何即将到来的事情。虽然从理论上讲这是伟大的，但我们的身体并不能定期和长期地应对这些激素。如果查一下"肾上腺素疲劳"这个词，你会发现这是一种糟糕的状况，持续的压力会对我们的身体和思想造成负面影响。除了上述症状，长期和经常性地面临压力和愤怒还会有以下影响：

- 中风和心脏病发作的风险

- 失眠

- 消化问题

- 皮肤病爆发

- 免疫力降低

- 心理健康问题（包括抑郁症、焦虑症和饮食失调等）

- 饮品滥用（酒精或毒品）

- 烟瘾增加

- 意外或非意外伤害

这清楚地告诉我们，如果我们经常处于愤怒的状态，可能会导致健康问题，甚至造成严重的后果。

> "我爸爸这个人自负又守旧，总是对周围的人有很高的要求，所以，他总是因为不满就大喊大叫，遇事就发火，似乎从不需要睡觉。后来他中风了，当医生告诉他，他的病情可能恢复但也可能有致命的危险的时候，他好像有点醒悟了。"

如何处理这种情绪

我以前教孩子们复原力技巧时，愤怒管理是他们最喜欢的环节，当他们发现愤怒本身并非坏事之后的平静和解脱确实值得欣喜。一般来说，当我们谈论愤怒时，常听到的是"我们不应该生气""我们应该控制自己的愤怒"以及"愤怒会让我们一事无成"。但是愤怒是一种正常的情绪，每个人都会且有权利感到愤怒，没有任何情绪是不好的！重要的是我们应该如何处理这种情绪，生气是正常的，但是用棒球棍砸朋友的车就不正常了！

让我们玩一个游戏，思考情绪和对情绪的反应之间的区别。请看下表中的问题，边看边回答，然后阅读你的答案。如果你有兴趣，可以和一个值得信赖的朋友一起做测验，并分享你的答案。结果让你感到惊讶吗？为什么？

真还是假？

	愤怒是……	真	假	有时候
1	愤怒是不好的，最好不要愤怒			
2	你可以对你爱的人生气			
3	如果生气，你就无法控制自己的情绪			
4	愤怒是对方的错			
5	我生气的时候可以对别人做任何可怕的事情，只要不伤害他们的身体			
6	隐藏愤怒比发泄愤怒更好			
7	当你生气的时候，你就不能直面问题了			
8	没有人能够帮助我们解决自己的愤怒			
9	女性不像男性那样经常生气			
10	愤怒的人要对自己的行为负责			
11	愤怒代表掌握了主动权，拥有了权力			
12	一直生气会让你焦虑或抑郁			

辩证地看待愤怒情绪

1. 愤怒是坏事吗？愤怒没有好坏之分，它只是一种情绪，是中性的，重要的是在愤怒之下做了什么。因为同事没有经过你的同意就用了你的勺子而生气是可以的，但因此骂她或对她无礼是不对的。

2. 你能对你爱的人生气吗？当然可以！你和某人的关系越密切，就越有可能对他们发火，这没问题。但是良好的沟通技巧和互相尊重有助于解决你们之间的问题和误解。

3. 当你愤怒的时候，你能控制自己的情绪吗？这是个有争议的问题。研究告诉我们，当你感到愤怒的时候，在最初的13秒内，我们的大脑可能是不受控的，但过了这个时间我们就可以控制我们的情绪。因此，你不能也不应该把失去控制归咎于你的大脑，因为在这最初的几秒钟之后（你的目标就是在这段时间内使用策略），你的情绪绝对在控制之中。

4. 愤怒是对方的错吗？不，我们在生活中会受到逼迫或遭遇不公平，但我们看待这种情况的方式才是愤怒的来源。我们可以选择走开，跟主管、朋友或合作伙伴谈一谈，或者做一些事情让自己冷静下来，而不是任由自己发泄情绪。

5. 愤怒的时候，只要不打人，可以对别人做任何可怕的事情吗？不可以！不能因为生气就对他人恶语相向。吓唬人、冒犯人和骂人都不是表达愤怒的正确方式，长此以往会伤害到你的朋友和家人。

6. 隐藏愤怒比发泄愤怒更好吗？压抑愤怒，拒绝以健康的方式表达出来，也会给你带来压力和焦虑。要学会用正确的方式表达情绪，所有的情绪都是很重要的。

7. 当我生气的时候，我还能保持理智吗？当你感到愤怒的时候，大脑会启动无意识区域，导致我们不能理性地处理自己的想法。要学会在对一件事做出反应之前先思考，这将有助于我们正确有效地管理对愤怒和挫折的反应。

8. 有人能帮助我处理愤怒吗？当然可以。虽然这本书不是针对解决已经发生的愤怒情绪，但它提供了讨论这个问题的契机。如果你认为自己已经无法控制自己的愤怒，我建议你向支持小组、治疗师、全科医生或主治医生寻求帮助。

9. 女性和男性一样经常愤怒吗？当然。性别刻板印象暗示男性生气是可以接受的，是正常的行为准则，但是对女性来说是不淑女的。这种认知是错误的。愤怒取决于个人的性格和气质，与性别无关，但不论是男性还是女性都不能因为愤怒而做出不好的行为。

10. 愤怒的人要对自己的行为负责吗？毫无疑问！我们都要无条件为自己生气时所做出的行为负责。

11. 我生气的时候还有自我控制能力吗？没有。任何任由愤怒控制自己的人都会失去能力和自我控制。没有控制力的时候怎么会有能力呢？

12. 经常生气会让我抑郁吗？长期处于愤怒的状态中，大脑会疯狂释放化学物质。愤怒问题的确与焦虑和抑郁症有关，所以更要正确认识愤怒情绪。

我该如何应对愤怒情绪

前文确定了愤怒会引发一些生理性症状。在测试中还分析了一些关于愤怒的误解。如果你是和一个值得信赖的人一起填写表格，还可以讨论你们对这些误解的理解和想法。现在，我们来谈谈如何正确地应对愤怒情绪。

> "我是在妻子提出来以后才发现的，似乎我们的争吵，准确地说是我在家里的易怒情绪，总是发生在我喝能量饮料的时候。我喜欢喝这些饮料，但它们实在不值得我因此而破坏家庭的和谐，我真的吸取教训了。"

正确有效地沟通

如果有必要的话，可以重温一下"提高沟通能力"这一章中关于沟通的内容。在与他人讨论复杂的话题时，请一定记得运用那些简单的策略，如第一人称方法、积极沟通模型和基本的礼貌。

了解自己的情绪触发点

留意那些容易让你心烦意乱的触发因素，想一下这些因素是固定的还是变化的？如果你发现宗教、堕胎、政治、种族主义等话题会让你产生负面的情绪，以后最好避开谈论这些话题。这些话题没有错，但如果你不能平和地讨论，那么放松策略对你或任何人都没有帮助。

使用你的"感官包"

我们已经花了几章的时间来讨论它，所以这里就不再赘述了。你的放松策略和"感官包"将帮助你管理愤怒，不要等到已经生气的时候再去做。

数到10

大脑可能需要13秒的时间来控制情绪，所以，当你察觉到愤怒情绪后，慢慢数到10是平静自己情绪的有效方式。另外，当你数到10，情绪已经被控制住了，所以不要给自己负面情绪的发泄找借口。

及时中断谈话

有人觉得不能表达愤怒情绪可能会让他们显得软弱、失去对局面的控制或过于敏感，但事实上，我们可以通过打断现在正在进行的事情，转移自己的注意力来缓解即将到来的愤怒情绪。当你感到紧张且肾上腺素飙升时，可以礼貌地问对方是否能给自己倒杯水，或者要求以后再继续这个话题。即使做不到以上的方式，及时终止一个话题也比用大喊大叫的方式来结束它更好。

做一些运动

对许多人来说，精神的高度紧张会转化为烦躁、受到挫折后一蹶不振甚至迁怒于人，所以我建议大家在日常生活工作中多跑步，或者在一场重要的会议开始前打打拳击。

定期做体检

激素、经前综合征、甲状腺问题、糖尿病和所有类型的失调都可能导致易怒和情绪的失控。请定期去医院做身体检查，排除任何身体问题，然后再做决定。

减少刺激性物质的摄入

咖啡因、能量饮料或成瘾物质等都会影响你的耐受力、耐心和反应。请注意你正在服用的物质，以及它们对大脑的影响。在沮丧和愤怒时想要控制自己已经很困难，而在任何刺激物的影响下，想要控制情绪会变得更难。

正向思维

这是我们在"树立正向思维"中谈及的另一个主题。积极心理、正向思维和积极的价值观将有助于改变消极想法。当你感到愤怒时，不妨分析一下你的消极想法，扪心自问，这个人是有意冒犯你，还是仅仅分享了不同的观点。不要羞于进行安慰性的自我对话，"我可以做到""不存在这种问题"和"我可以控制"都是有用的。

幽默面对

事实上，我们在笑的时候思维是理智的。尽量尝试用幽默来化解愤怒的局面。无论是缓解情绪，还是用有趣的事情来转移自己的注意力，幽默都是很有力量的。如果你的"梗"够好，还可以跟朋友分享。

寻求帮助

如果你对自己的愤怒情绪感到担忧，或者它正在影响你的朋友和家人，请向他人寻求帮助。如果你伴侣的愤怒已经威胁到你、你的健康或家人的幸福，也请寻求帮助。互联网搜索可以帮助你快速地寻求当地的帮助。

总结

　　愤怒是情绪的一把双刃剑，一方面它是我们每个人都有的正常情绪，但另一方面，它又是一种会给人们带来负面影响的情绪，处理不当就会造成很多麻烦。这一章的重点在于愤怒不应该被隐藏或压抑，但也强调了人们在与他人争论严肃的话题时，需要使用良好的沟通技巧，尊重对方和使用礼貌用语。前面章节提及的策略在这一章被重新审视，放松、积极思考、感官调节和沟通也非常适用于愤怒管理。此外我们还增加了及时中断令你不舒服的谈话，减少刺激性物质的摄入和幽默面对等新的概念。再次强调，本章并不是要"治愈"有愤怒管理问题的人，而是要让人们了解愤怒情绪的正确管理方式，并在需要时寻求支持。

想出一个让你生气的话题或人，写一封信，说出你的挫败感，并在信的结尾承诺降低愤怒的次数。你可以象征性地烧掉这封信，放在一个秘密的地方或埋起来。

日常锻炼。早晨醒来开启健康的运动，帮助身体舒展。

记录每日摄入的咖啡、含糖饮料、能量饮料、酒精或其他物质。这些东西可能会助长你的脾气，所以尽量降低摄入这些物质的次数。

记住你的放松策略，包括正念减压、"感官包"和深呼吸。

承诺以礼貌和正确的方式表达愤怒。愤怒并不是坏事，咄咄逼人、辱骂或威胁才是坏事。

勇敢表达。如果你一定要开启一段有目的性的对话，为什么不先和一个值得信赖的朋友练习一下呢？这样可以让你更有信心表达想法。

练习积极的自我对话。经过上述步骤后，你已经可以控制自己的思想和情绪，请确保你在自我对话中能展现这一点。

积极开展社交

　　在谈论儿童和成人的复原力时，我们会想到其中的一项重要因素——社交技能。事实上，"社交技能"一词包含了相当多的内容：从管理社交、阅读肢体和语音信息以及平衡虚拟社交媒体和现实生活的能力，到多久与家人朋友聚会一次。有的人知道什么时候社交是对自己有好处的，什么时候会给自己带来负能量，也分辨得出什么时候社交媒体已经占据了我们的生活，或者从什么时候开始屏幕上的"假新闻"正在吞噬我们。本章将探讨生活中的一些社交问题，以及随着复原力的提升，如何管理我们所学的技能。我在本章中概括了所有类型的社会关系，原因有2个：首先，我不想让任何人认为我们的幸福感和复原力的提高只依赖于两性关系；其次，我已经出版了一本书，即《夫妻生活真实指南》来讨论这个话题。如果你愿意学习如何管理并维持与长期伴侣的健康关系，我强烈推荐你阅读这本书。现在让我们看看，是否有办法通过社交技巧来提高我们的复原力。

每个人都有不同的性格

人们的思维方式大有不同，有些人的性格特征很容易判断，而另一些则需要时间去慢慢了解。一般来说，内向的人认为适当的社交已经足够，会和他人之间保持一定的情感距离。他们往往比性格外向的人更安静，更保守。太多的关注可能会让性格内向的人感到不安，会表现出"害羞""戒备"，有时甚至是"警惕"。外向型的人通常喜欢活跃气氛，成为关注的中心，是很棒的聚会伙伴。他们往往能很快交到朋友，但对信息的分析可能没有内向者那么深入。

在很长一段时间里，内向者被认为是害羞的、安静的，有时被认为不善交际，而且没有外向者有趣。有些人还把"社交焦虑"和内向者联系在一起。事实并非如此，确切地说，内向或外向都是一种性格特征，而不能代表自身的社交能力。

> "在学校里，我所有的成绩单评语上都写着'内向'，好像这是件坏事。我得向老师保证要做得更好，多交朋友。但是，不要有那么大的'压力'，我当时10岁，只是更喜欢旁听，而不是在全班同学面前开愚蠢的玩笑！"

内向型和外向型性格的人对自己社交活动的管理方式有很大不同。人们交朋友的方式一般基于自己是否舒服。外向型的人会寻求刺激和新的友谊，对外出感到兴奋，能够毫不费力地与旁边的人交谈。对于内向的人来说，旅行或坐在陌生人旁边都可能会让他们感到尴尬。对于内向者、有社交焦虑症的人或仅仅是那些难以结交新朋友的人来说，社交可能是非常痛苦的。而对于外向型的人来说，他们甚至可能会被要求"收敛一些"。这里有一些小建议可以帮助两者互补一下：

不要总是对别人的邀请说"不"

作为一个自身有很多社交缺陷的人，我很能理解这种行为。因为自己不想社交，所以会拒绝朋友的社交邀请。在你意识到这点的时候，已经不会接到任何邀请了，久而久之，你甚至不会再考虑社交活动。显然，对于独自生活在孤岛上的反社会者来说，这可能没那么糟糕，但对于其他为了工作、学习、家庭和朋友而需要有一定社交的人来说，这是一个恶性循环。所以要时常对别人的邀请说"好的"。如果你不得不拒绝，要告诉对方你很感谢他的邀请，并且很乐意下次再参加。

练习如何与陌生人交流

比如说，你知道这个周末要参加一个婚礼，于是你一开始就很矛盾，一边想去，一边又害怕和陌生人坐在一起。这种情况下，不要等到当天才构思与他人交谈的话题，要提前把话题列出来然后记在脑海里。比如，你可以和他人分享自己的近况，然后再询问对方的情况。这就是社交的技巧，而且是可以练习和提高的。所以，无论这次活动是不是你自愿参加的，你都可以练习一下如何与陌生人交谈，这绝对不是浪费时间。

在社交活动中给自己找一个目标

如果你对参加社交活动而感到苦恼，那么你可以在社交场合或活动中给自己找一个目标或角色。例如，如果我要在会议中做演讲，我几乎不会感到焦虑，因为我知道自己在这次会议中的角色。但如果只是参加一场会议，端坐在人群中间，这会让我感到有点困扰。所以最好提前思考自己为什么要参加某个活动，不管是陪伴你的舅妈，还是听一场有意义的讲座，或者是获得一本免费的电子书，根据需要给自己一个理由和鼓励吧。

参加活动前放松自己

如果你觉得社交是一项充满"挑战"的活动，你可能会感到疲惫，所以要确保你在活动前好好休息。你可以洗个热水澡，读一本书，喝点热巧克力，或者小睡一会儿。活动当天，如果你感到无法适应，可以去花园里走一走，欣赏一下美景，然后再回到派对上。

佩戴一件单品

许多人发现，佩戴曾祖母的胸针或一顶鲜艳的粉色帽子可以打开社交话题，因为别人很可能会赞美或评价你的配饰，这本身就可以成为介绍自己的好帮手。反过来，你也可以赞美别人的衣服、帽子或鞋子。虽然这些都是很表面的话题，但有助于打破一开始的尴尬。

带上一个朋友

带着朋友一起参加活动不失为好的办法。但是要确保你的朋友要在这些场合里觉得自在舒适，或者至少要比你在活动中感到自在一些。最好让他们了解你的感受，知道如何才能帮到你，希望你和朋友都能尽兴而归。

不要只谈论自己

没有人喜欢炫耀的人，所以一定不要独占焦点，无论你是内向的性格还是外向的性格，重要的是要练习付出和接受。一个简单的做法是，每当别人问你一个问题，就回问一个问题，当然不要每次都以"你呢"来进行反问，这显得过于生硬。如果有人问你现在从事什么工作，你可以借此询问对方的兴趣爱好。

在适当的时候结束话题

不管你是累了，无聊了，还是让人感到疲惫了，都要知道什么时候该结束谈话。社交和练习社交能力，并不意味着我们需要从头到尾与人交谈。实际上，与其在社交场合尴尬地待上一天，不如在合适的时候与人交流并在合适的时候结束对话来得轻松自在。

"我不介意临时的购物出行，但我需要提前计划。最好是我想回家的时候就能回家，回来后就瘫到床上追剧！"

健康的关系是相互都有付出

健康的关系很重要。许多没有社交圈、感觉被孤立或交不到朋友的人会感到每天都很"丧"，这样的人会认为自己不被他人接受、不被支持或有时甚至感到被歧视。因此，我们会看到社交复原力低的人可能会与那些"不靠谱"的人交好。还有一种情况，就是发现自己与他人的关系几乎是单方面的或单向的。虽然维护好自己的社会关系对健康和健全的复原力很重要，但前提是自己不被利用。观察一下你周围的关系，你认为你为朋友、亲戚或同事付出了吗？他们呢？他们对你付出了吗？如果答案是"是"，那么你们的关系是势均力敌的，你们的支持是相互的。如果答案是"否"，那么说明你认为这种关系是单方面的，可能会质疑这段关系的意义。这样的关系可以改变吗？

提到健康的关系，你会想到"尊重""信任""平等"和"安全"这些词。提及自己的社交关系时，你会想到什么词？这是你想改善的地方吗？发现自己因为与某个朋友交往而感到疲惫不堪时，有的人会为此消极很长一段时间，这是正常的。又或者，有时候发现自己不太有原则，对什么都来者不拒，这时我们会觉得自己的一切都在围着别人的立场转。无论哪种情况，现在都是一个非常好的契机去思考当下的关系及未来的走向。

忠于自己

人人都有自己独特的方式、个性、不安全感、观点和愿望，这些都很重要，即使它们可能并不完美。有些事情可以和他人协商，但是有些事情，你是不会、不能也不应该向他人妥协的。接受你的独特并认识到自己的需求很重要，有的人会为了新的朋友或亲戚而试图改变自己，但时间长了发现自己无法维持这种改变。在人际交往中，一开始就坦诚相待，总比在一段时间内试图将自己变成另一个人而惨遭失败要好得多。

双方的沟通

一段关系中重要的是，不管好的、坏的、美的或丑的，你们都能大方谈论。如果你能与对方讲述自己的恐惧、不安全感、价值观和想法，不管内容是什么，这样的沟通都会让你们的关系有良性的、持续性的发展。能够讨论底线和界限也是极其重要的能力，它能够让你以积极的方式划定和朋友、家人的界限。

接受差异

你和伴侣、家人及朋友都有不同的意见、价值观和个性，如果双方都努力理解对方的观点，那么有一半的冲突是可以避免的。妥协是必要的，我们要在原则性问题上进行争论，不需要在小事上斤斤计较。我们不会吵赢每一场架，学会选择争吵的话题，可以让我们和他人的关系更加长久。

计划美好的时光

你不一定能够与周围每个人都相处得很好，想要做到完美更不可能。重要的是你能够在每一段关系中发现各自的成长和美好的事情。一起去旅行的时候，不管同行中有多少亲戚或朋友，都要计划好自己的美妙时光。如果可以的话，也要计划好与大家庭和朋友的美好时光！关系需要时间来建立，培养这些关系是很重要的，特别是在开始的时候。

与人相处并不是一件容易的事

和朋友以及亲戚相处的一个核心要素是诚实。如果事情发展得不太顺利，就不要对你的伴侣、朋友或同事说一切都很好。如果假装一切很好，时间久了以后你只会变得更加心烦意乱、消极或退缩。请诚实一点，说出真实情况，不要让第三方转述任何信息。例如，如果珍妮阿姨在上次家庭聚餐时当众说你的砂锅很糟糕，这让你很不高兴，那么你可以要求和珍妮阿姨单独谈谈，用平静的声音、尊重和成熟的态度阐述你的感受和原因。

在每一段关系中，设定明确的原则和底线都很重要。正如我在治疗中跟所有客户说的，确立原则有3个步骤。第一步是确定什么是你的原则。例如，你的婆婆每次过来都给你的孩子喝饮料，这可以吗？在借钱给朋友这件事上呢？一旦你决定了什么是你可以接受的，什么是不可以接受的，你就能更好地与别人相处。

第二步，让身边的人明白你的原则。如果你无意于让婆婆知道你的原则，那么禁止孩子喝饮料这件事其实并没有多大的意义，除非她有一个水晶球可以占卜或者会读心术，否则她是不会知道的，甚至可能会在每次家庭聚会时都在冰箱里囤满饮料。

前两步是常识，对大多数人来说并不难。第三步比较棘手，但就像我对客户说的那样，没有第三步，原则就不是原则。第三步是如何保护你的原则。怎样才能让人们认真对待你、尊重你的意愿呢？你将如何贯彻执行？接着上面的例子说，如果婆婆在知道你的原则的情况下，仍然不分场合给你的孩子喝饮料，你会怎么做？第三步就是设定一个后果，它与报复、惩罚或斗气无关，只是表示你已经清楚地解释了你的界限，并强调这种行为继续下去会导致什么样的后果。所以，如果婆婆继续给你的孩子喝饮料，你可能会拒绝让你的孩子在没有人监督的情况下待在她家，而她可能需要去你家或公园才能看望你的孩子，或者无法看望，直到她明白不应该让你的小孩喝饮料为止。第三步是很难的，因为它可能涉及冲突和对抗。但如果没有这一步，就无法建立一个明确而有建设性的原则。

人与人之间的社交界限是主观的，是个人化的。对我来说，一个恰当的社交界限是"来做客之前先用短讯告知"，以确保我在家并衣着得体。而对其他人来说，这一点可能是不必要的。将他人违反了自己的原则所造成的后果告知对方也很重要，因为在我看来合理的某个后果，可能另一个人有完全不一样的想法。这没有对错之分，只要都是明确的、尊重他人的，而且是安全的、合法的。以下内容可能会帮助你将这些策略付诸实践：

• 坚持你的立场！一定要在一段关系中设定原则和规则，并坚持执行。这并不意味着你不接受协商，或以后不能再改变自己最初的想法。当你要改变你的原则时，一定是因为你选择改变，而不是被迫的，两者之间有很大的区别。

"阿兹里博士教我的关于界限的方法是：她假装想踢我，让我去思考所有能要求她停下来的步骤！这真是古怪又好笑，但却又是一个实用而直观的方法，让我明白了明确原则三步骤的重要性。直到今天，我都没有忘记！"

• 明确你的原则，并确保你的朋友和家人已经知晓。要保证你的原则是开放且透明的。如果婆婆让你的孩子喝了饮料，并且希望你不要在家里有客人的时候讲出来，那你还是讲出来吧！但要有礼貌，尊重客人，甚至可以幽默一些。比如："不，妈，小吉米从上周就不能喝饮料了。"

• 保持距离。我知道这看起来有些背离初衷，但如果所有其他方法都失败了，那么就可能需要与这些人保持距离了。并非所有的家庭和朋友都是充满爱心和关怀的，如果你不走运，周围都是这些顽固不化或者负能量满满的人，而且你已经尝试了其他一切沟通办法都不奏效，那么可以尽量减少聚会。你可能会发现，只有在自己家或第三方场所这种可以牵制对方的情况下见面时，或者带着你的伴侣去见这群亲戚朋友时，你的原则才能得到尊重。众所周知，人多力量大。

• 减少向关系不好的家人朋友寻求帮助的次数。如果你前段时间刚请你的姐姐（或嫂子）帮你照顾一下小婴儿，那么当她突然有一天不请自来时，你也很难做到闭门不见。所以要让自己少欠一些人情，否则将影响你对自己的原则和界限的坚持。

• 不要说闲话或传播谣言。想要发泄和寻求情感支持是人类的天性，但是要用正确的方式来表达。向自己的母亲吐槽你的嫂子，可能会影响家庭的和谐，所以尽量和自己的朋友说，或者对一个没有利益关联的第三方说。

• 不要太自我！在任何关系中，你和对方都是平等的。如果你开始变得对人有戒备心、态度消极或粗鲁，那以后你会失去朋友。如果你想交往一些积极向上、乐于助人的朋友，那么你就要做一个充满正能量并且很靠谱的人。

在网络社交中保持清醒

随着社会的发展，人际关系也产生了变化。科技的高速发展带来了很多新的变化，也改变了我们的生活方式，例如我们与他人相识的途径，推进或结束一段关系的方式。网络兴趣小组、在线约会平台和社交媒体等也已经改变了我们享受兴趣的方式。从前，如果一个人不是住在你所在的社区，没有加入当地的健身房，也不是你朋友的朋友，那你几乎没有机会见到他。对于大多数人来说，为了获得社交和情感上的满足，我们需要在直系亲属之外发展有意义的社会关系。社交媒体便成了发展社会关系的工具，它可以让人们在不放慢生活节奏、不必远走他乡、也无须紧跟所有重要八卦的情况下，与他人建立联系。最初，像Facebook这样的社交媒体大多是为现有的社会关系设计的，是为了让熟人保持联系。然而对于现在来说，社交媒体的使用方式已经发生了变化，它不仅让我们与现有的朋友保持联系，也能让我们认识新的朋友。

"我是网络社交达人。在过去几年里，我在LinkedIn（领英）上被邀请在多个会议上发言。网络、交友甚至任何社交活动都不再是以前的样子了！"

虽然社交媒体是一个很好的社交工具，但它也引起了很多社交问题。一方面是怕自己与别人不一样而被歧视所带来的压力，另外一方面就是人会不断地与认识的人进行攀比。但是要记住，社交媒体是与朋友们保持联系的一种途径，切勿被网络上浪漫又夸张的完美生活蒙蔽了双眼，这样只会为你的生活徒增烦恼。原则上，我们大多数人都知道不要相信社交媒体上展示的一切，然而，大多数人却会因为关注了那些看起来比我们生活优越的人而感到恼火、不安或悲伤，然后可能会逐渐变得冷漠、刻薄和低落，一边看着手机里的朋友圈中大家"晒"出来的幸福生活，一边暗暗责怪朋友或亲人没有给我们带来那样的光鲜生活。所以，不要完全相信你在社交媒体上看到的一切，不要让社交媒体潜移默化地影响你对自己生活的看法。

"几周前，我和妹妹去一家不错的餐厅吃饭。我们被引至餐桌前，那里的环境看起来和谐又安静。我们坐下来，环顾四周，看到在那个超级昂贵的场所，10桌里有8桌的人都沉浸在手机里，彼此之间完全没有交流。我跟妹妹相视一笑，便把手机关了。那是我们很长时间以来最美好的夜晚之一！"

社交媒体和各种网络平台会让用户上瘾，其中包括每天都想要使用社交媒体，渴望在社交平台上寻求关注，对游戏的上瘾和在社交平台上进行非法赌博。和其他成瘾行为一样，我们只有在被切断了上瘾源头时才会发现自己已经泥足深陷。只有当断了网、手机掉在浴缸里或花光了赌资时，我们才能戒断。如果你发现自己有了这些特征，就要小心了，因为对社交媒体有瘾可能会影响你的心理健康和人际关系。在社交媒体上与家人朋友分享新闻、美图和近况是一件很美好的事，尤其当家人朋友不在身边时。但是社交媒体也有弊端，比如让人在面对质疑时只敢躲在屏幕后面，或者现实生活中谨小慎微、网上大放厥词，又或者忽略了耕耘的过程，只想收获。

总结

　　培养良好的社交能力也是建立强大复原力的因素之一。你的性格特点是什么？你是天生的社交高手吗？你是否曾有过社交焦虑，或者你更喜欢在网上与他人联系？想要保持健康的关系，掌握朋友的动态是很重要的。你们之间是否相互信任、尊重和平等分享？如果没有，为什么会出现这种情况？你在与他人交往的时候是不是没有保持社交界限？是否因长期态度消极而让亲戚逐渐对你失望？又或者只是难以遇到合适的人？不过这并不是重点，重要的是，你要现在开始建立自己的处事原则，如果担心自己的社交能力，就多与踏实可靠的人交往并寻求支持。

任务

列出你的3段主要关系，并观察不同关系各自的特征。它们是平等的吗？是单方面的吗？是积极的还是消极的？思考你是如何得出这个评估结果的，以及需要做什么来改变这种情况。

思考你目前的原则。你对它们满意吗？它们是清晰的吗？你是否准备好用他们来捍卫你的立场？请使用本章列出的3个步骤建立3个新的原则。

打开你的社交媒体名录，看一下你所关注的人和事。这些内容的基调是什么？是积极向上的还是消极低沉的？你选择浏览的东西会影响你的心理健康。不管是你关注的新闻，还是自己在社交平台上发表的言论，都要是积极向上的。没有人愿意反复阅读负面消息和令人沮丧的评论。坚持到最后，你就会在不知不觉中形成积极的思维。

迈出那一步，约朋友出去，然后像你在生活中有条不紊地处理别的事情一样，维持好你们之间的平衡，尤其在刚认识的时候寻求帮助。如果你因任何原因而患上社交焦虑症，或在社交场合中不自在，不要害怕寻求支持。你可以大方地向互助小组、全科医生、主治医师或治疗师寻求帮助。

03

活出乐观的自己

善待自己的身体

身体健康和心理健康之间有联系吗？身体和心灵是否存在关联？这是个世纪问题，现在答案很明显：是的，有！

从根本上说，我们的身体和心理是相通的。这一点解释了为什么有心理健康问题的人经常出现身体问题，反之亦然。假如一个人患有慢性背痛，或者感冒了好几周，又或者在病情治愈渺茫的情况下还要为生活奔波，那么他很可能会慢慢丧失斗志。同理，一个人被诊断为抑郁症或焦虑症后，很可能会感觉精神不佳和身体疼痛。

人们总说预防胜于治疗，虽然有点笼统，但也有道理。如果我们认识到身心同步才能获得幸福，那么不论是从理论还是实践上，都能运用适当的方法来让自己保持积极和健康的状态。本章将尝试讨论如何才能保证身体和心理都处于良好的状态，并邀请读者为自己做整体的规划。

"我平常从不生病，从来没有。然而，每当我开始一

份新工作时，就一定会生病，诸如扁桃体炎、喉炎或者是
肚子疼。好像每次压力大的时候，我的免疫系统就会进入
睡眠状态！"

接纳自己的身体

身体形象是一个有趣的话题。我所遇到的大多数人，或在治
疗中合作的人，都对自己的身体有一定程度的矛盾心理。他们会
因为外形问题而感到苦恼，引用我女儿朱丽安娜的话说，"在某
些事情上，我们就是自己的死对头"。身体形象是一个人对自己
身体（及其存在）的看法，以及由此产生的感觉。有点像我们在
前文中谈到的正向思维和CBT，即大脑产生的想法（潜意识或意
识）会引发一种情绪后果。积极的想法产生好的结果，消极的想
法则产生不好的结果。在开始之前，我们先做一个练习。我想请
你走到镜子前，站定，此刻你的脑海中会立即浮现出什么想法？
基于下面的提示，看一下你是如何看待你的身体的。尽量避免
一些感觉上的东西，只需坐下来，顺着你的想法接受它们的客
观本质。

- 皮肤颜色
- 高度

- 体重
- 鼻子

- 耳朵
- 牙齿
- 头发
- 脚/手
- 胸部/胸肌

- 体型
- 妊娠纹
- 仪态
- 能量
- ……

你会注意到，有些词的选择相当客观和中性（如棕色的头发和蓝色的眼睛），而一些词可能会偏主观，甚至可能相当苛刻，如"胖子""牙齿很丑"。我不认同大家可以用"胖子""牙齿很丑"来形容自己，但现实是，有的人会这样评价自己。身材不好的人会在审视自己后用刻薄的词给自己打上标签，而这些标签他们是不会用来称呼别人的。

如果你准备好了，我想让你再看看镜子里的自己，但不要任你的大脑挑剔你不喜欢的那些方面，而是选出3项你真正喜欢的部分，可以是任何方面，比如体型、魅力、某个身体部位或时尚感。

这对你来说是简单的还是困难的？当你专注于喜欢的地方时，是否从细微处改变了看待自己的方式？解读自己的身体形象可能比较残酷，但我认为它和其他事情是相通的——专注于负面的东西会给你带来糟糕的感受。那么，如何才能改善你的身体形象呢？请记住，身体形象其实并不关于长相，而是关于我们如何理解长相。鉴于此，让我们来研究一下如何在这方面下功夫。

- 从积极的角度去了解你的身体。还记得你列出的3项身体优点吗？专注于它们，并发现更多优势。我们都有美的一面。

- 思考外貌以外的事情。关注身体形象不仅仅是针对外表，也是爱自己本身，发现自己的个性和优势，坚持你表现自己和实现梦想的方式。

- 良好的卫生和适当的打扮有助于塑造良好的身体形象，但不要过度发挥，涂点润肤霜或喷点须后水就可以。清爽和洁净会持续带给你好的感受。我们稍后会更深入地谈论打扮和卫生。

- 站姿挺拔。注意你的姿势，懒散的姿势会扼杀你的自信心，而笔直有力的站姿不仅能传递完全不一样的信息，还能保护你的脊柱和器官。这个小窍门可以兼顾健康和身体形象。

- 衣着得体。不一定非要购买最新潮的西装或最好看的手提包，而是要穿得突出你的气质，让你更加从容自信，并与你想塑造的形象相匹配。

"在我找到新的工作，成为一名公共卫生管理者时，我根本没什么钱。我的亲戚都只在婚丧嫁娶仪式上才穿西装，所以穿上西装后，我感到浑身不自在。不过，虽然一开始很尴尬，但其实穿正装给我带来了很大的改变。"

- 不要再和别人比较，尤其不要和杂志上修过图的模特比较！每个人都是不同的，即使那些你认为性感迷人的人，也可能不喜欢自己的某些地方。有人可能发质很好、皮肤光滑或者身材健硕，但他们可能没有抚养过4个孩子的宝贵经历，也没有全职工作。

运动的好处

大家都知道，经常运动对身体和心灵都有好处，这一观念可谓家喻户晓，有的人还定期参加当地健康专家讲座。运动最显著的效果是减肥或增肌，保持健康的体重。肥胖是21世纪最大的健康问题之一，统计数据显示全球有超过35%的人口体重超重，其中有一半的人无法或不愿认识到肥胖带来的诸多健康风险，而这些风险无一例外都很严重。体重超标可能会引起糖尿病、心理健康问题、高血压、心脏病和中风风险，超重不仅仅影响我们的外形，还影响到我们的寿命和生活质量。

运动还能为我们带来什么

- 释放内啡肽
- 改善身体健康
- 性欲/性能力增强

- 情绪良好

- 更加有能量

- 更好的睡眠

- 自尊增强

- 缓解抑郁和焦虑症状

- 更健康地面对生活（也可能完全取代不健康的习惯）

"万事开头难，但运动会改善很多东西。我在怀孕时增加的体重孕后全部减下去了，感觉也不那么沮丧了，更有精力围绕着孩子转，性生活也重新回来了。运动真是个好习惯！"

是什么阻碍了我们运动

我们都知道运动好处多多，但大多数人有健身房会员卡却从来没有去过，或者租了半年的跑步机在客厅里积灰。我们大多数人不进行定期锻炼是有原因的，不是因为不知道这对我们有好处，而是缺乏自律、动机或兴趣刺激！让我们列出人们不运动的一些原因，看看是否可以在其中某个原因上下功夫。

- "我没有那30分钟的空闲时间去运动！"专家建议每天至

少运动30分钟，但对许多人来说，每天30分钟并不可行。对一些人来说，他们可能只有5分钟或10分钟的运动时间，甚至只是从车上走到办公室。但是无论你从几分钟开始，都比什么都不做要好。不要因为时间不够而根本不去尝试。

- "我已经很累了！"的确，我们生活很忙碌，身体会疲惫，情绪也会低落。但其实运动反而会给我们带来活力。如果你有动力去健身房或开始任何类型的运动，你一定会在运动后感觉轻松很多。

- "我没有多余的精力了！"你可能有100件事情要做，包括带一群熊孩子、做3份工作和照顾5只宠物。怎样才能在不断增加的清单上再增加一项任务呢？一想到每天要多做一件事（尤其是一件你其实并不想做的事），就会觉得难以接受。如果你以前没有进行过日常运动，那么一想到要从头开始就更不想做了。但正如上面所说，一旦你开始了，你可能真的会喜欢上它！。

- "运动没意思！"尝试一下吧，就好像跑马拉松，如果确实不喜欢，也不会有人强迫你一定要跑。我喜欢走路，这可能对有些人来说很无聊，但对我来说，这是我最喜欢的运动。所以要选择你喜欢的事情，觉得有趣的事情。你也可以邀请一个或一群朋友一起来。你只需要安排一个从身体、社交到时间都很适合你的运动。

- "运动真的蛮痛苦的！"很多人在开始运动的时候，会有一定程度的疼痛或不舒服的感觉。轻微疼痛感是正常的，但如果你有健康问题、残疾或伤病，请向你的全科医生、主治医师或其他医疗专业人员咨询。在正确的医疗建议下，良好的运动不是问题。

健康饮食

运动对健康生活很重要，但营养也同样重要。健康的饮食有助于保持身体和精神健康，而科学的营养有助于保持良好的身体质量指数及健康的发质和指甲，同时还能提高注意力，改善精力，让人拥抱好心情。

我认识的许多人会谈论"节食""对体重要多上心"或"终于对自己的体重有所行动"。这些人的共同点是，他们目的性很强，总认为自己已经在有限的时间里付出了最大的努力。但是节食是行不通的，它容易让人陷入疲惫和烦躁，再加上节食期间不断受到美食诱惑，人们很可能最终就干脆放弃了。节食还容易引起长期健康问题，所以只有当我们开始关注生活方式而不是节食的时候，才能达成目的。

在澳大利亚，昆士兰州政府几年前制作了一组很棒的广告，教人们重新思考自己的生活方式，做一个"交换者"。它的理论是，摒弃暴饮暴食，培养新的习惯和生活规律，用好的代替不好的。例如：

- 大体积食物与小体积食物
- 有时与经常
- 油炸与新鲜
- 静坐与行动
- 爆米花与油炸土豆零食
- 苹果与甜甜圈
- 调味水与含糖饮料
- 坚果与棒棒糖

……

"我以前每天早茶都要吃一块蛋糕。说实话，这更多的是一种习惯，而不是充饥什么的。后来我把它换成了低脂酸奶和燕麦片。我简直不敢相信它的味道有多好，还很有饱腹感。于是我一直坚持这个习惯！"

市面上有很多种饮食方式课程，也有很多保持健康生活方式的窍门，我就不再赘述了。健康不代表节食或苛刻的饥饿（同时又偷偷吃巧克力），它更注重饮食平衡，让人少吃零食，多吃点好东西。最重要的是将这些技巧长久地融入日常生活中，让你的身体得到所需的营养，而你也会得到一个健康的身体！

睡觉时间

对你来说，入睡是一件容易的事吗？有些人在任何地方都能睡，而有些人则需要相当严格条件的睡眠环境才能睡得好。那么，良好的睡眠有多重要？睡眠又对人们的身心健康有多重要呢？答案是，非常重要！

战争时期，剥夺睡眠是一种非常残酷的折磨方式。囚犯们被剥夺睡眠一段时间后就会迷失心智。所有这些都是为了说明，睡眠不足会造成严重的生理和心理问题，包括情绪低落、易怒甚至精神病，进而引起低血压、精力不足、头痛、恶心……一夜未眠当然不会造成这种结果，但几周或几个月之后，就是另一回事了。充足的睡眠（至少7小时为佳）对保持神志清醒至关重要。在睡眠状态下，大脑和身体会更新身体细胞，帮助组织和肌肉休息和恢复。如果我们不睡觉，身体就会开始慢慢衰弱，难以应付日常工作。保证7小时的睡眠可以降低患心脏病、中风和癌症的风险，并预防心理健康问题。但更重要的是，良好的睡眠能给身体补充能量，并抵御抑郁和焦虑（如前所述，每4个人中就有1个人会患这些疾病）。当然每个人都是不同的，如果想知道你应该达到什么程度的睡眠，请询问你的医疗保健专家。

睡眠习惯指的是人们为帮助入睡而制定的一套日常程序，可以严格执行，也可以灵活变通，这取决于你入睡的难易程度。具体地说，我们大多数人（甚至从婴儿时期开始）都有一套睡眠习惯，比如淋浴，一杯茶或轻音乐，然后就能入睡。方法没有对错之分，但如果你入睡困难，就可能要考虑你的睡眠习惯是不是有什么问题，并去解决它。下面是一些策略：

- 保证咖啡因摄入量不过高，尤其在晚上。
- 睡前几个小时进行锻炼，给身体留足放松时间。
- 早起。没有什么比睡到午饭时间才想起来"为什么前一天晚上难以入睡"更糟糕的了。要保持早睡早起的习惯。
- 避免经常性小睡，除非你有健康原因需要小睡。如果你要小睡，也要限制在30分钟之内。
- 将你的压力维持在低水平。当你有财务问题、家庭问题或工作项目时，无法入睡是很正常的。要定期练习放松策略。
- 选择能带来睡意的安静的活动。无论是拼图、写日记还是看书，总之是不会让你在进入被窝前5分钟兴奋起来的活动。
- 睡前关掉灯，拉上百叶窗。在生物学上人类有在夜间睡眠的习惯，所以黑暗和安静通常会对睡眠有所帮助。
- 欣赏优美的音乐。一些视频网站上的博主们发布的作品很棒，我不须听到结尾就能睡着！

- 远离毒品、酒精、电子产品和夜宵，这些会打乱我们的生物钟。

- 最重要的是，遵循你自己的生物钟。困的时候就去睡吧！

> "我过去是等到晚上10点半才睡觉。11点半之前根本睡不着，有一半的时间都在床上翻来覆去。现在，一有困意，我就会关掉一切，闭上眼睛，一般来说，我在5分钟内就会睡着。"

正如我在讲述饮食和生活方式时所说的，这些策略是为了帮助我们思考这些问题，并学习如何增加和改善睡眠和健康方面的复原力。

改变的好处与成本

考虑一下你现在的情况，你准备好做出改变了吗？改变是很难的，能让人做出改变的原因只有两个——想要获得什么或逃避什么，否则很难找到一个契机。无论是想要改变关于饮食、运动还是酒精或药物滥用的问题，如果没准备好去改变，那最后的一切将毫无意义。如果你已经做得很好，那很棒！但是如果你想提高你的复原力，改善生活方式，请考虑下面的决策矩阵。它要求你去思考改变的收获与成本。例如，戒烟的好处可能是省钱，孩子不会受到二手烟的影响，咳嗽会得到改善，而且你的伴侣也会想在晚上睡觉的时候给你一个晚安吻；但抽烟可以缓解压力，戒烟的代价可能是压力会增加。这个矩阵不是关于对与错，而是帮助人们思考维持或戒除某种行为的各种好处和成本。

	好处	成本
戒除		
维持		

有的人可能已经决定在某个领域进行改善，也许不是关于物质，而是增加锻炼或改善饮食，不过原则都是一样的。当我们要做出改变，就要为之做一系列的准备，从想要做出改变的欣喜到考虑改变的利弊，接着是制订计划，最后是采取行动。

要了解改变的周期，请看下图。

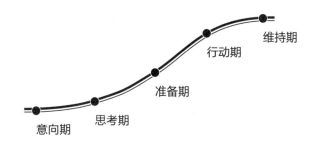

你处于图上哪个位置？是意向期（还没有准备好改变），还是在考虑自己的行为（改变是可能的）？当一个人决定改变时，就会开始规划这个过程，这是改变的一个重要部分。准备工作对做出改变的人来说应该是实用的。在准备阶段之后，人们会将计划付诸行动，这一阶段可能进行得很顺利，但在进入维持阶段之前，我们的行动会根据实际情况进行微调。

这种模式的好处在于，它考虑到了改变过程中过山车式的起伏。当决定改变一个习惯，特别是如果你已经有一段时间没有培养某个习惯的时候，你可能会觉得非常困难，有时甚至会需要专业人员的帮助。本书倡导的是复原力、积极的心态和健康的生活方式，所以你要对自己的生活习惯持有开放的心态。如果对本书所讨论的领域有疑问，请积极寻求帮助。世界各地有各种各样的医疗咨询机构（包括面对面和在线的）、公共卫生服务、私人咨询，当然还有你的全科医生或主治医师，不要等到不喝酒就无法入睡或者不吃药就无法正常工作的时候，才想到去寻求专业的帮助。其他领域同样如此，如果你担心体重超标，不要等到超重了30公斤才想要去减肥。

正如我在这本书中所说的，你是特别的，是幸福的。但是幸福不在吸毒、抽烟和喝酒中，要学会在生活的其他方面寻求美好。

总结

这一章讲的是我们在日常生活中如何看待和培养自己，比如善待我们的身体，改善睡眠质量和提高个人修养，我们有很多事情可以做。其中一些方法是很实用的，也很简单，但有些方法可能会让你觉得很有挑战性，甚至非常抗拒。但如果事事都容易的话，生活会少了很多乐趣。本章还有一个没有被强调的重点，那就是小事情会带来大不同，当你在周末与伴侣约会时，不要低估一点点的唇彩、脚趾上的指甲油或一件崭新的衬衫的力量。良好的自我感觉非常重要，新的一天从你站在镜子前说"我爱你"开始。

任务

说出你喜欢和欣赏自己的3件事，然后告诉别人。

如果不再贬低自己，你的自尊会有什么不同？你身上会有什么事情发生变化？

想一想周围的人，他们是否映射了你的身体形象和身体问题？你对此有何感受？将如何改变这一点？

写下你今天吃的一切（或使用卡路里计算器应用程序），并观察营养成分的类别。这些食物整体上是否健康？是只有今天这样，还是平常就这样？

考虑做一个"交换者"。你愿意拿出什么交换，交换后会是什么样子的？可以从小事做起。

找一个运动伙伴，邀请他们一起散步、上运动课或骑自行车。让运动成为日常工作的一部分。

记录你这周摄入了多少咖啡因、酒精、烟草或其他刺激物。它们对你的健康有什么影响？对别人的影响如何？这是你准备解决的问题吗？

思考一下你的睡眠模式。你可以改善睡眠质量吗？写下你的想法。

尽情享受自我感觉良好的快乐吧！现在是梳妆打扮的时候了，不管是漂亮的衣服、化妆品还是新的须后水，一定要给自己一个机会，让自己感觉最好。

练习解决问题的技巧

提到复原力时，我们想到的是在问题出现时解决问题的能力，以及在遇到挫折后恢复的能力。拥有这两种能力都需要具备确切而有效地解决问题的技能，然而，对于许多人来说，"解决问题"这个词本身就是答案，认为它就是基本技能，以至于有时忘记了细看它在实践中的真实含义。

解决问题的能力在所有领域都很重要，除了可以避免滋生新的问题，还能解决现有的问题，并确保我们能控制局面。更重要的是，我们要区分真正的问题和由于自身焦虑、消极思维或沟通不畅而产生的新问题，这样就可以更快识别出当下需要立刻解决的问题，节省下来的时间可以更好地完善自我。即使最后发现问题"并非真正的问题"，多使用解决问题的策略也不会有什么坏处！

"我曾经在事情出错的时候不知所措，大脑进入了'关机'模式，做不了别的，然后我就把问题放到一边，看着它越来越严重，直至无法收拾。"

问题真的存在吗

正如我上面所说的，有时候情绪会让我们觉得好像哪里出现了问题。比如你参加了一个聚会，在聚会上你觉得非常焦虑，一直在猜测你的朋友刚才是不是瞥了你一眼，服务员接过你外套的方式是不是很粗鲁。你会觉得哪里都不舒服，派对很糟糕……但这些问题是真实存在的吗？还记得前文中关于焦虑管理的练习吗（关注一种情绪和颜色，然后把它画成一个形状、一幅画，再用一个词去总结）？现在就是使用它的绝佳机会。

想一想你在聚会上的感受，尝试区分一下事实和情绪。你要学会分解事件，直到现出问题本身。你可以这样问自己：

• 当时的情况是什么？（"聚会很糟糕。"）

• 你希望它变成什么样子？（"我想享受它。"）

• 你认为是什么导致了这个问题？（"我太焦虑了。""我觉得没有融入。""我不习惯这种场合。"）

有些问题可能是内在的（关于你、你的情绪、你的观念、你的复原力等），有些问题则是外在的（关于他人、实际问题、需要协商的事情等）。一旦你确定了问题，首先，要把它写成文字，这样可以帮助你处理问题和进行沟通。想要做到这一点，就要避免使用情绪化的语言、主观性的观点和强烈的情绪，否则会阻碍问题的解决。其次，你要尽量具体地描述问题，因为模糊的陈述一般会带来模糊的解决方案（如果有的话）。思考以下两个句子：

> 那次聚会太烂了，每个人都侧眼看着我，我迫不及待地想离开那里。

对比：

> 我参加了一个聚会，感觉很不舒服，我当时无法控制地感到焦虑。这个问题需要解决。

> "当问题出现时，只要决定去解决它，就会有好的解决方案。"这是我的座右铭，我只需要记住这一点就行。

有些人发现把问题写下来更有帮助。先列一个问题清单，然后用一个词总结问题，或者用一种你习惯的方法总结问题。当你把一个问题缩小且明确了，就更容易把解决方案落实到位，从而可以在能力范围之内提出可行性答案。

头脑风暴

我们在处理问题时会倾向于用以前尝试过的、被推荐过的或者让我们感到安全的解决方案，无论其效果如何。因为人们总是有这样的惯性思维：以前没有效果的方法现在可能会有效，或者只有已知的选择才是安全的，但是这两种认知都是错误的。我们要对新的建议持开放态度，积极思考替代方案，甚至可以向他人寻求建议。头脑风暴意味着要提出很多想法和潜在的解决方案，并认识到其中90%的想法和解决方案最后是行不通的或不现实的。它并不是要你马上想出完美的解决方案，而是要你畅所欲言，把不同的想法联系起来，得出最终可以解决问题的想法。

在进行头脑风暴的时候，不妨邀请一位值得信赖的朋友与你共同讨论。说不定你的朋友跟你有同样的或类似的问题。讨论之前先拿出一张纸、一台电脑或一块白板，两个人（或一群人）随机提出与你所选主题相关的想法，并随机列出，列完以后，你可能会在此基础上产生更多的想法。例如，如果一个人把深呼吸列为缓解焦虑的策略，另外一个人可能会想到运动或者瑜伽也对缓解焦虑有所帮助。每个人都写下建议之后，仔细检查清单，从中筛选掉不太现实的建议，最后只剩下一些好的或合理的想法，然后结合你的选择付诸实践。

一场成功的头脑风暴应该具备这样的特点：

• 不要害羞，想出尽可能多的解决方案。鉴于大部分方案最终会被否决，所以至少要想出十几个方案，这将给你带来更多的选择和尝试。

• 要有野心，疯狂一点。无须对列出来的东西过度思考，正如我前面提到的，这个练习并不是要在第一次就"做对"，而是提出很多的想法。这些想法产生新的想法，最终会有意想不到的收获。

• 容纳多样性。要确保你的建议是多种形式的。（还记得关于自尊的那一章吗？饼状图在这里可能会有用。）可以把你在生活中关于所有领域的想法提出来，也可以在以后随时删减这些建议。

• 增加乐趣。虽然你的问题可能不是一件好笑的事情，但没有人规定在头脑风暴中提出的解决方案不可以是轻松诙谐的。幽默是一种很好的应对方式，利用它吧。

"我和我的朋友都在为长胖而烦恼，也都因此而自卑。我们觉得出门很尴尬，然后就集思广益想一些解决办法。这个过程很欢乐，我们一起制订了运动方案，在这个过程中，有一个伙伴陪伴着自己，感觉真好。"

设定目标并解决问题

为了更好地解决问题，你需要将问题明明白白地列出来。问题是什么？解决方案是什么？设定一个SMART（Specific Measurable Achievable Realistic Timely）目标有助于达成你的目的，执行解决方案。在下一章中，我们将更深入地讨论目标设定，所以本节不多做讨论，以避免重复。SMART目标表示：

• 具体的（Specific）。如果目标模糊，那解决方案也将是模糊的。所以要确保你的解决方案是具体清晰的，才能及时加以评估。

• 可评估的（Measurable）。可评估的目标和解决方案才是最好的。在下一次聚会前，让自己在"到达前不再呕吐"比"不那么焦虑"更容易实现一些。

• 可实现的（Achievable）。不要给自己设定一个遥不可及的目标，这样只会让你有挫败感。你是否具备实现这个目标的天赋、技能和专业知识？如果不具备实现某个目标的基础才能和能力，你很可能会失败，进而给你带来更多的烦恼。所以，重点不是有一个目标，而是要有达成目标的能力。

• 实事求是的（Realistic）。如果只有当上总理才能解决我的社交焦虑，那我的机会为零。不是因为我没有能力或者不配，而是我的年龄和目前的职业发展方向与政治无缘，我甚至不知道从哪里开始。而且，说实话，我对当总理并不感兴趣。所以要确保解决方案是贴合实际的，它符合你的兴趣和实际情况，是你愿意去做并优先去做的。

• 适时的（Timely）。所有目标和解决方案都应该有一个时间限制，这样不仅能提高我们的执行力，还能让我们对自己更加负责并集中精力。这个时间表也应该是切实可行的，类似"我的目标是在9个月之后的公司圣诞会上不焦虑，真正地享受聚会"。

"学校曾经教过SMART目标，当时我并没有放在心上，也没有考虑过用它来解决我的情感和实际问题！但用了以后发现它的效果很好，我一定会坚持使用的。"

SMART目标非常棒，在解决问题的时候给我们提供了明确的指南。不过跟所有事物一样，SMART目标也需要慢慢来。一开始就设定庞大的目标会让人头疼，减小成功的机会。所以要从较小的目标开始，可以针对短期问题，或者给庞大的目标安排阶梯式的解决过程。例如，小目标可能是下周和好友一起参加一个活动，并且只停留一个小时，最终目标是在每次工作活动中都不焦虑。从一个小目标开始，会让你更胸有成竹，而且所有的小成功都将有助于提高你整体的信心、前进的动力和解决问题的积极态度。

贯彻执行

跟原则一样，很多人擅长制定计划，但不付诸实际行动，然而成败就在此一举。怀疑、恐惧、不确定、精力不足、消极思考或仅仅是缺乏资源，都可能阻碍你的实际行动。如果你没准备好行动计划和实现目标的结构化过程，你是无法成功的。

> "当我制订计划时，通常都是直接'从A到Z'，然后花好几天时间试图找出B和C……现在我改变了方法，不把A、B和C都弄清楚，我是不会尝试D的。这样的策略让所有的事情都变得不同了。"

确定了问题以及潜在的解决方案后，要跟进解决问题的方法，包括写下具体的步骤。从A到B，每一步都要遵循SMART目标，并且每一步都建立在前一步的基础上。举个例子，当你患有严重的社交焦虑症时，解决问题的计划可以是：

- 收到邀请函时，先深呼吸，然后用放松技巧。
- 联系好友，询问他们当天是否有空。

- 将日期写在日历上，画一个笑脸和其他正面的东西。

- 在活动前一周计划好交通、服装和细节。

- 在活动前一周练习积极思考和焦虑管理策略。

- 带着积极的态度参加活动，准备好聊天话题，并让你的伙伴帮你参考。

另一个好方法是制订学习周期。此类的研究不多，但总的来说，这些研究的观点是相似或相关联的。我们体验并观察着世界，考虑改变并且想要通过制订一些规划来改善我们的生活，在我们做出改变后还要结合实际情况进行评估。从学习周期模型来看，我们是处于不断的发展和学习中的，如果还能花时间去分析和行动，就可以积累经验并指导个人的成长。

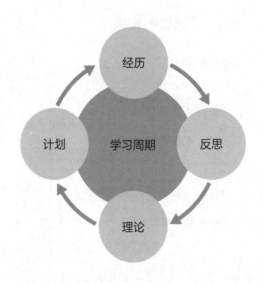

尽管我们有想要改变现状的想法，但有时还是会拖延、改变主意、抓狂或干脆放弃自己的计划。对一些人来说，尝试新事物比坐以待毙更痛苦，即使目前的状况很痛苦，但自己早已习惯这样的生活状态。我们将在下一章"确立生活目标"中讨论这些，不过还是希望你现在想一下自己的最终目标，一个足够好的理由能有助于你把目标贯彻到底。

这一章主要讲3件事。

- 你的问题是什么？
- 你做出改变的理由时什么？
- 你会尝试哪些解决方案？

排忧便笺纸

我的问题是什么？

_____

_____

_____

我有什么理由去改变它？

_____

_____

_____

我将尝试哪些解决方案？

_____

_____

总结

　　本章讨论了解决生活中问题的重要性，包括情感问题、现实的问题或日常任务。如果不能解决这些问题，你就会发现自己每天都在重蹈覆辙，而这样的做法与培养健康而有韧性的心态背道而驰。如果你在生活中发现了想要解决的问题，那么希望你能找出解决问题的方法和使用这些方法的益处。为个人的成长和发展承担责任和义务是至关重要的，它代表我们的成长和积累。如果没有准备好学习如何解决问题，那就停止抱怨生活中遇到的任何问题！相反，如果你有了成长的心态，愿意反思自己的行为、遭遇和经历，那么你的生活会一点一滴地被改善。

写下你上个月发现的3个问题（可以是任何性质的问题）。阐述发生了什么事，它们是如何成为问题的，以及你未来的期待。

邀请一位或一群朋友来参加一场头脑风暴。可以每人轮流处理一个问题，或者共享一个问题，并记录你愿意尝试的最终解决方案。

斟酌你选择的前5个解决方案。基于SMART目标，将每一个解决方案分解为步骤A、B、C等。

给自己写一封信，说明你改变或解决问题的原因。也许是为了让自己活得更充实，并证明自己是值得这样的生活的，也许是为了别人，比如你的孩子、伴侣、亲戚或朋友，或者是源于你坚定的价值取向。

如果你容易拖延，请写下那些常常牵绊住你的事情（视频网站、健身房、电话或工作等），然后思考解决这些"绊子"的方法。

奖励自己。如果你严格执行了计划，可以给自己一个奖励，比如看一场电影，洗个热水澡，或者去吃你喜欢的那家面馆的一顿美食。

重新审视你所学到的积极思考、良好的沟通和健康社交的技能，更好地去解决问题，这些技能随时都能用上。

确立生活目标

许多年前，我偶然发现了一本书。这本书改变了我对意义和目的的看法，改变了我自己的生活，也改变了我与病人交流治疗概念的方式。这本书叫作《活出生命的意义》，作者是维克多·弗兰克尔。

在书中，弗兰克尔介绍了他作为奥斯维辛集中营囚犯的生活以及他在监禁期间对其他囚犯的观察。如果你喜欢阅读，一定要买这本书。

弗兰克尔指出，在集中营里，除了已经被带走并屠杀的人，很难预测最终谁会活下来，谁会死。换句话说，这就是"谁会放弃"与"谁会战斗"的问题。被困一段时间后，囚犯们为了免于崩溃，会对集中营里发生的事情"脱敏"。弗兰克尔描述，囚犯们会不带任何情绪地瞥一眼死者，然后在尸体完全冷却之前赶紧扒走他们的鞋子或外套，他们的意志只剩下冷漠、疏离和生存的欲望，弗兰克尔把这称为"情感死亡"。神奇的是，那些屈服于这种"情感死亡"的人，身体会很快地衰退，他们的心理健康和身体健康都在下降，进而失去活下去的理由，然后死亡便来敲响了他们的大门。

找不到理由活下去的囚犯根本无法撑过在集中营里冷漠和绝望的日子，而那些找到了活下去的理由的人却能克服可怕的环境。他们的理由包括想再见到亲人，希望实现梦想，完成一本书或实现曾经作出的承诺。人们的理由源于个人的和主观的想法，但结果是一样的，就是让自己生存下去。

根据弗兰克尔的观点，意义或者说活着的理由，才是带来一切差异的根源。引用他的话说："一个人如果有一个为什么而活的理由，就可以忍受几乎所有的一切。"弗兰克尔认为意义和目的是我们生存和发展的动力，否则人就将面临生命的终结。根据弗兰克尔和他的"日志疗法"，当我们经历生活中的考验和挑战时，专注于创造生活的意义是培养我们的复原力和力量的重要方法。

"我有将近30年与有心理问题的人接触的经验。随着他们抑郁症愈加严重，不变的是他们缺乏生活的意义。当生活失去了意义，问题就接着来了。"

你有责任制订自己的目的

对一些人来说，自己有责任创造自己的幸福这种观念就像一记耳光。如果你不负责创造自己的人生目的，培养你生命的意义或让自己过上梦想中的生活，那么谁会对你负责呢？

"我们有责任创造自己的幸福"这个观念意味着你的人生在你的控制之中，你有选择和权力，而"我们没有责任创造自己的幸福"这句话则公然叫嚣着你没有发言权，无论做什么都无法改变。我们要相信自己可以创造自己的命运，我不是说要去实现那些不切实际的愿望，也不是说追求的一切都能实现，但无论如何，我愿意为了达到我的目标而努力奋斗，而且在生命终了的时候，知道自己是如何度过这一生的。

我想让你思考一下自己的生活和生活目标。对你来说，它是清晰明确的吗？你有没有想过，你其实有权力、有选择来决定你的人生意义。

许多人说自己对人生有一种无力感（"我不能做某件事"或"我没有足够的金钱、时间、资源或力量等"），然而，有很多人和我们一样忙碌，可能工资比我们还低，甚至身患残疾，却实现了了不起的目标。在某种程度上，生活的意义和目的，甚至我们的成就，与我们"拥有"的东西无关，而与我们在面对逆境和挑战时的动力和责任感有关。简单地说，如果你的人生没有目的，或者还没有达到你想要的目的，那就要靠自己来改变这一切，要做到这一点，第一步就是不要再责怪全世界，而是要开始为你的目标和目的而努力。

为什么我总是找借口

人类习惯于待在舒适区，想获得某些东西，却没有足够的能力去执行，尤其是当负面因素压过正面因素的时候。想象一下：你一直梦想着去法国旅行，去诺曼底的海滩边拜访你祖父的坟墓——他曾参与过第二次世界大战，你哥哥去年去了，今年你妹妹去了，而你还没有存到足够的钱，也不确定会在哪里工作，还有其他着急处理的事情。但没关系，只要你不给自己找"如果……""我的钱不够……""我的兄弟姐妹比我条件好……"这样的借口，就没问题。

你只是没有足够强大的理由去存那笔钱，也没有提前一年规划。再强调一遍，这不是对不对的问题，而是要自己对自己负责，真实面对自己的问题。比如我一直想从事与医学相关的工作，但当时机成熟时，我有5个孩子要养，还要还房贷，而我是家庭主要的经济支柱。学习医学课程需要我放弃工作4年，我不得不做出决定，要么紧巴巴地度过这4年，换取以后更好的生活，或者继续现在的职业（也放弃了我的梦想），这样可以一直过着舒适的生活。我不是医生，所以大家都知道我最终选择了什么。虽然我一想到自己失败的医学生涯，还是会觉得"扎心"，但那是我自己的选择，不能怪别人。

> "我记得曾读过这样一篇文章，说的是一个人在跑步时不幸遇到丛林大火，结果全身大面积烧伤。但是她没有崩溃，而是更加努力地与生活抗争……那场摧毁很多人的灾难反而让她更加坚不可摧。我想如果她能做到，我也应该做到。"

在生活中，人们的改变和行为基于两个原因：

• 他们想获得某些东西；

• 他们想逃避某些东西。

这是两种强大的需求，也是我们做一切事情的动力。我们去工作是因为我们需要钱，或者觉得工作带来一种满足感。我们在车上系安全带，是因为我们付不起罚款，或者仅仅是为了安心——万一发生车祸，安全带可以让我们活下来。不管是哪种情况，我们总要从某一行为中得到一些好处，或者能从中避免一些不好的事情，这一点适用于我们生活中的一切事情。当我们对任何行动、目标或潜在目的感到困惑时，就可以问自己，做这件事是为了什么。回到今年没能去法国的那个人的例子，你可以问，如果他不去法国的话，是否可以省下这笔钱得到什么别的东西，或避免什么东西？答案是"不太可能"。

我们在生活中会遇到多种选择，而这些选择往往是相互矛盾的。在辩证行为疗法中，我们可以把这些称为"辩证冲突"。想象一下，你的社交焦虑已经非常严重，一想到要与他人交际，就会做噩梦，最终，你会因为想让自己好过一些而拒绝参加任何社交活动。然而回避了社交，你会感到非常孤独，好像情感上被抛弃了。所以你最后可能发现，自己还是对人际情感有强烈的需求（感受被爱和支持的需求）。结果就是：

避免焦虑的需求与需要依靠的需求。

在这个例子中，这两种需求是相互冲突的。宅在家里和出门社交这两种方式不可能同时缓解你的焦虑情绪。在某一个阶段，只有一种需求会"赢"，哪种需求能赢，则完全取决于你！

- 你想要缓解焦虑情绪的理由是什么？
- 这种改变会让你付出什么代价？
- 你是否能为这种改变承担责任并坦然接受？
- 在你当下的人生阶段，哪种需求更重要？

我们面临的每一个决定背后总有一些东西在驱使着我们，越早弄清楚自己做这件事是要获得或避免什么，并注意到矛盾的需求，我们就能越早停止找借口并做出实际的努力。生活的意义和目的帮助我们拥有健康和坚韧的心态，而真正核心的是要考虑从这里出发后，你要去哪里。

寻找你的目标

讨论过生活中目标的意义和重要性，以及因为主观原因导致的目标停滞不前或未能贯彻执行，接下来要说的是，对很多人来说，他们的目标往往与一个重大事件有关。这个重大事件可能是好的，也可能是创伤性的，但都触发了我们内心的某种情绪。你是否意识到是生命中的哪些事件造就了今天的你？你有让你热血沸腾的兴趣爱好吗？大多数人都有不止一个目标，但是要明白，我们的人生目标和我们赋予生命的意义这两者是不同的。对我来说，有意义的是知道我的孩子们健康、快乐、安全，我的整个生活都围绕着他们，确保他们得到照顾。但我的人生目标是为他人提供理念和支持，改善他们的现状，哪怕是一点点。我可以通过我的治疗工作、教学或我的书来实现目的。意义和目标是完全不同的，是相互独立的。为了让我的生活有意义且有目的，我需要在我的专业领域中取得进步的同时，也为我可爱的孩子们提供保护。那么对你来说，人生的意义和目的是什么？

"我事业的一部分是为他人启蒙，这是我教书的主要原因之一。我知道我在做一件赋予他人力量的事情，我想这是我对所做的一切努力的终极理念：做一些赋予他人力量的事情，做一些能创造美的事情，做一些能创造快乐的事情。"

让我们再深入一点，讨论一些基本的策略，这或许会帮助人们找到他们的目标。

• 为什么你想在你的生活中收获更多？是什么在驱使你？你追求事业的原因是什么？移民到一个新的国家，学习新的东西，生一个孩子或在救济院做志愿者，你做这些的原因分别是什么？

• 你的目的是什么？它是否符合你目前的优势和才能？你怎样才能最大限度地利用它们，想达到什么目标？你可以从喜欢或希望拥有的爱好和活动着手，思考一下，在过去的几年里，你为之做了什么，然后把它们放到一个更大的目标中去。

• 你会如何确立生活中的意义和目的（也许重温上一章关于目标设定和SMART目标的内容会有帮助）？将你的计划和想法分解成可在短时间内实现的小目标，并与你的实际情况联系起来。

怀揣感恩的心

想要在生活中找到乐趣和意义，首先要能够欣赏生活，不论是日常的小乐趣还是高瞻远瞩的大成就。没有感恩的心就无法拥有有意义的生活。

假设你在城里的一家餐馆点了最喜欢的饭菜，一位可爱友善的服务员为你服务，将饭菜端到你的桌子上。你切开牛排，将其送入口中，它在你的嘴里融化了，汁液在你的舌头上颤动，小土豆还冒着热气，迷迭香的味道像一个温暖的拥抱一样冲击着你的嗅觉，你可以珍惜和品味这一刻，让所有的感官都兴奋起来，让你的大脑记住这一刻，这是一个多么平凡而美妙的美食之夜。当然还有另一种可能，就是你匆匆忙忙地咀嚼，既没有细细品味这些美食，也没有享受这些乐趣。学会对细微的快乐怀抱感恩之心，澳大利亚精神病学院这样建议大家：

● 创造记忆。在欢乐时刻拍照或录视频，并制作家庭电影。或者干脆从某个地方收集贝壳或干叶，这样你就可以随时在脑海中重温这些感恩时刻。

● 与他人分享。根据研究，无论是分享经验，还是分享一些有形的东西，或者只是简单地大声表达你的感激之情，让别人感受到你的情绪也能给你增加幸福感。

• 享受当下。现代生活总是如此匆忙，以至于我们很难有时间去感受细微的快乐，但其实它们才是生活意义的最强大的基础。还记得我们之前学习的感官策略吗？也许可以用在这里享受积极的时刻。

• 生活要多变，不要固化。根据研究，大脑对某项生活日常习惯了以后，神经元不会再以同样的速度反射习惯的事件。在以前，每周六晚在家里吃比萨可能是很美妙的事情，但如果现在已经成为无聊的例行公事的一部分，那就换一种方式吧！

• 写一本感恩日记。写下你每天欣赏的东西及原因，也可以练习我们在"树立正向思维"一章中讨论的技巧（WWW方法和你期待的事情）。

• 对别人说谢谢。也许你可以给帮助过你的人写一封信，对向你寻求安慰的朋友给予肯定，或者对服务员多笑一下，毕竟，她给你呈上了美味的牛排。

• 不要一直心怀愤懑。这条对我来说很难，我经常会在一段时间里脾气暴躁。但据专家介绍，这只会让我们的生活失去意义。所以，要学会原谅！

• 善待他人！为他人服务，不仅仅是在圣诞节期间。思考如何去做并真的去做。众所周知，服务他人会让我们感觉良好，志愿者总是比领薪员工更可靠、更敬业、更热情，这是有原因的，没有什么能代替善意和真诚的感激之情。

"当我一味沉溺在自己的想法和问题中时，我的治疗师教给我的策略之一是与比自己更不幸的人进行比较。起初，我感觉这几乎是一种侮辱。但随着我的实践，我发现她是对的。无论事情看起来多么糟糕，当我想起我还有一片屋顶、一份工作和健康的孩子时，感觉就没有那么糟了。"

总结

如果没有一个适当的目标，我们的生活就像毫无意义的电脑程序。从一早醒来，按部就班的工作，晚上下班与朋友家人相聚，每一天都如此，忘记了通往更广阔天地的道路：我们的情感、价值观和个人体验沉淀为更有实际价值的东西后，赋予我们生活的意义和目标，让我们生活更加充实，并在迎接生活的挑战时充满感恩并负有责任感。本章讨论了人生意义和目的的作用及相应的实现方法。创造生活的意义是激发自己和周围人的复原力的最有效方法之一。你是特别的，你有天赋和才能，也有激情，不要浪费这些，利用它们来改变现状吧。

任务

在一张纸上写下你的才能、技能和激情，思考哪些对你最重要。

寻找自身的意义。一旦你找到并接受了它，就去研究你的意义和如何实现你的意义。

写下所有你过去为没有实现梦想和目标而使用的借口，现在请为这些借口负责，并承诺自己有能力克服它们。

想一个具体的目的、目标、梦想或任务，想一下，如果完成的话，你会得到或失去什么。如果你希望成功，就要找到一些得到或失去的东西。记住，这些理由会让你坚持到最后。

记下自己相互矛盾的需求。当你发现自己的需求相互冲突时，找寻内心真正需要的东西，而这将决定你的哪个需求更重要。

要心存感激。学会欣赏小事，可以写一封感谢信给某人或这个世界，一定要练习感恩。

搜索感恩名言、激励性音频和其他的意义培养活动。你身边的积极因素越多，对你就越有帮助。

如果你需要别人来提醒自己如何寻找和培养生活的意义，请在社交媒体上关注我关于积极心理学技巧的内容。

调整心态，应对危机

　　复原力很重要，它会在你的人生旅途中极大地改善你的生活。但是拥有复原力并不意味着不会有任何坏事发生在你身上。复原力所能做的是帮助我们尽最大的能力管理危机。所以在继续往下阅读之前，让我们来思考一个问题：悲伤、戏剧性和震惊有什么共同点？

　　答案很简单，就是不可预测。在我们最不抱希望的时候，它会突然而至，给我们一个惊喜。我的生活中出现过很多危机，对我来说，印象最深的是16年前，我在怀孕20周时做了一次超声检查，医生告知，我的孩子出生后将无法存活，她被诊断为波特综合征（Potter's Syndrome），在当时的医疗条件下，这样的疾病是致命的。几年后，我4个月大的三儿子被诊断出眼部有肿瘤，那时我还有两个活蹦乱跳的宝宝需要照顾。幸运的是，他后来很健康。当时，我的生活节奏被完全打乱，我每天都要用很多精力去处理生活中的这些危机和损失。但我并不是唯一的一个，人人都经历过失落和创伤。对一些人来说，危机是被诊断出患了癌症，对另一些人来说，是离婚、意外怀孕或破产。

态度就是一切

为什么有些人能够比其他人更好地面对挫折？正如本书中所讨论的那样，对信息的不同解读方式会带来不一样的结果。对一些人来说，挑战会成为他们奋斗、更加努力和挺过去的理由；对另一些人来说，挫折成了放弃的借口。不幸的是，对后者来说，他们往往停留在过去，固守在痛苦和恐惧之中。

有些人喋喋不休地说现实是主观的，压力、创伤和惨烈的后果等会带来消极的思维，侵蚀我们的头脑。但现实是什么呢？真的是这样吗？当我告诉他们，现实是由社会构建的，在某种意义上它甚至不是关键性的，有些人会非常不悦。我并非在否认每个人经历过的困难时期和创伤，过去的经历都是真实的，对人们的影响很大，但要承认，抱着负面的东西不放只会让人形成更多的消极情绪。当我们开始重新展望未来，并对所拥有的一切满怀感激，用积极的态度面对生活中发生的一切，用鼓励和坚强的态度来滋养我们的心灵，你觉得会发生什么？

"生活充满了起伏，但我们最终还是会回到真正的核

心上，也就是我们对生活的看法。我有时会想，我们对生
活的态度是否决定了明天的选择。"

态度就是一切。对有些人来说，这是理所当然的事情，对另
一些人来说，坚持一种态度并不容易。但我向你保证，用积极的
态度过好每一天，一定会给你的生活带来意想不到的收获。

正确看待挫折

对复原力低下的人来说，危机有可能源于一些微不足道的
事情。如果你在读这本书的过程中发现自己的复原力水平比较
低，并且想努力改变这种状况，这是好事。我希望你在实践这些
技巧的过程中，可以直面挫折，变得更加勇敢。我还想问你一个
问题，你有没有经历过今天觉得烦恼的事情，在第二天醒来的时
候发现其实不那么令人恼怒？我知道我有！我的情绪、疲劳感、
对未来的焦虑以及在某段时间内可能承受的压力，都会影响我对
某个事件的看法。所以大多数情况下，挫折并不是关于外部实际
发生了什么，而是在我们当时的状态和心绪下，如何看待这次事
件。这就是复原力高的健康生活方式可以帮助我们应对未来可能
会面对的挫折的原因。

除了一些常见的和常识性信息，还有一些迹象表明你可能正处于"崩溃"的边缘。通常情况下，我们的身体可能比我们的头脑更早察觉这一点，关注一些身体发出的信号，可能会让你在情绪完全崩溃之前寻求支持。

什么会导致一场"情绪大爆发"呢？这个问题并没有明确的答案。但首先，发现自己处于一个以前没有经历过的情况时，可能会引起情绪崩溃；其次，任何让你感到无力或失控的情况都可能引发情绪的波动，而之前曾让你陷入混乱的情况，也可能再次引发危机。有时可能是事件或新闻本身让你有危机感，比如发现你或你所爱的人失去了工作或经历了一些痛苦的事情，这些事也会让你受伤。

有一些常见的情绪崩溃的征兆，比如：

• 身体方面：手心出汗，心跳加速，呼吸急促，颤抖，胃部不适。

• 情绪方面：焦虑，情绪化，惊慌失措，焦躁不安，无助和绝望。

• 认知方面：失神，失焦，记忆力下降，信息处理困难。

• 行为方面：失眠或噩梦，愤怒，哭泣，滥用药物，社交退缩，异常行为。

如果你发现自己处于这种情况中，或许可以考虑接下来提出的一些解决方法。请记住，每个人在生活中都会遇到多种危机，这是正常的，无论我们多么坚强，了解在危机来临之前如何应对，也许会有帮助。

> "我记得我当时坐在医生办公室的椅子上，直直地盯着他，好像他有两个头一样。然后我突然笑了起来，他一定是搞错了，我不可能得癌症！我有两个小孩要照顾。突然间一切都变得毫无意义了，当我从医院出来的时候，我找了好久的车，因为我根本不记得把车停在哪里了。"

遇事冷静应对

受到外部惊吓时，大脑和身体都需要一定的反应时间。根据我在急诊科工作多年的经验，人们在面临危机时很可能会忘记最基本的功能，甚至需要被人引导着才能喝水或打电话！基本的实用策略在危机来临时是有帮助的。

冷静下来

假设你刚刚收到一些坏消息——不管是与工作、健康还是与家庭有关，你坐在沙发上想："我没听错吧？这不可能发生！"然而它确实发生了。你的大脑在嗡嗡作响，好像突然间房间里吵闹起来，脑子里有一个声音问了100个问题，而你却只能喊：停下来！这时候，我们需要先冷静下来，再去尝试做其他事情。可以找人给你泡杯茶，打开一扇窗户，或者让别人帮你拨通伴侣的电话。大脑收到坏消息时会进入危机模式，所以大脑停滞或"爆炸"是很正常的。不过这种状态对解决问题几乎没有任何帮助的。相反，你要深呼吸，专注于你的心态，平静地与自我对话。在冷静下来之前，千万不要做任何决定。

不要一味地逃避

有些人被坏消息摧毁后就会选择逃避，假装一切没有发生过。从长远来看，这样做毫无帮助。不要隐藏你的情绪，勇敢地去寻求别人的支持来帮助你度过最初的危机。大量的研究表明，与情绪外化和接受援助的人相比，情绪内化的人会更容易导致创伤后应激障碍症状。

接受命运的安排

我在生活中学到，有些事情是努力就能得到的，而有些事情则是努力也得不到的。在这种情况下，我们能做的就是接受眼前已经发生的事情，并尽可能地做好应对，坦然接受自己能力有限这一事实。没有什么比感到无力和无助更糟糕的了，接受现实也可能意味着生活会停滞不前。根据"接纳和承诺疗法"，接纳并不意味着你喜欢、认可或享受你可能经历的任何事件或感受，它只是意味着你不会浪费精力去对抗或逃避它们，你要学会接纳、适应和管理它们。

> 上帝，请赐予我宁静去接受我无法改变的一切，并赐我勇气去改变我所能改变的一切，并赐我智慧去区别两者的不同。
>
> 《宁静祷文》，佚名

放松身心

你还记得我们在"学会调节情绪"这章中学习的情绪调节和感官调控策略吗？现在是温习它们的好时机。请使用你的"感官包"、你的深呼吸练习、你选择的自我关怀方式，让你的心灵和身体都得到应有的片刻休息。瑜伽、视觉练习或双声道节奏音乐可以帮助你连接身心，直至它们放松下来。

放慢你的脚步

遇到挫折和失败后，人可能会变得容易紧张或劳累。也许你在挫折来临之前同时做着好几份工作——为当地的小型运动俱乐部做义工，写博客，还能每个周末去跑马拉松。但当你处在危机中时，你可能需要适当放慢脚步。这并不意味着你要永远放弃一切，但当你在应对一个重大变化时，你的大脑有可能会更迷糊，身体更加疲惫。不要惊慌，听从身体的提示，放轻松。

做好心理准备

无论是周年纪念日、广告还是一些琐碎的事情，每个人都会触景生情。对我来说，我已经在我女儿离开的时候痛彻心扉过，但到了她生日的那一天，我还是会崩溃。为什么会这样呢？因为我们不是机器人，我们会因为某件事触景生情，从而倍感痛苦，这些微小的提醒会让我们重回过去的痛苦中。往前走几步吧！如果你知道每天早上8点收音机里的某首歌会让你不爽，那就把收音机关掉5分钟；如果你知道一个不愉快的周年纪念日即将到来，组织一些积极的庆祝活动来代替以前不愉快的记忆；如果你知道每次看到红裙子就会想起那场意外，或许可以在包里带些薄荷油或甜食，这样可以让你在看到对面火车上的红裙女人时，吃点甜食缓解一下。

关注你的心理健康

有"预期"的危机处理和痛苦悲伤，与急性心理健康问题之间是有区别的。值得注意的一些症状包括：伤害自己或他人的想法，完全停止日常活动，如洗澡、吃饭甚至睡觉，以及感受与和他人有关的想法或观念。在经历危机或创伤性损伤后出现急性心理健康问题，这一现象并不罕见，只需要妥当的治疗。请向当地的全科医生、主治医师或心理健康专家咨询。

创伤后成长

人们经历损失或创伤后有两种可能的结果：急性应激反应，或创伤后成长（也有些人可能两种情况都没有）。大多数人都知道应激反应或创伤后应激障碍是什么样的，所以我就不再赘述了。然而，很多人不知道的是，也有些人会在创伤事件后经历一种特殊类型的成长。为了说明这一点，我想请读者允许我谈谈我的博士研究经历。我研究的内容之一是女性在怀孕期间收到不好的产前诊断之后的体验。我采访了120名妇女，她们都收到了宝宝被诊断为致命或长期疾病的消息，都曾经历过宝宝将不能存活的创伤和悲伤。但就在这120位女性中，有112位后来出现了创伤后成长的情况！

几乎所有的采访都显示，她们在经历失去宝宝后，在一个或多个领域有提升，这意味着什么？这意味着，当我们以积极的态度面对生活时，就可能会出现创伤后成长。这些症状包括：

更加懂得感恩

在生活怀揣感恩之心，会更懂得关心那些有意义的事情。许多经历过创伤后成长的人都会提到他们开始从新的角度看待生活，欣赏每天的"小确幸"，并且对日常工作中的小问题不再斤斤计较。我的一位客户谈到，生活的考验让她意识到，区分生活中重要和无关的事情是很重要的。

有意义的关系

人们往往会在创伤后与他人建立更有意义的关系，学会重视并珍惜这样的关系。许多经历过创伤后成长的人都提及了朋友、伴侣或社区成员的价值，比如善意的举动、支持或同情心。

个人素质的提升

有了创伤后成长，人们在未来应对考验的能力和意愿会得到加强。我采访过的女性都谈到了个人素质的提高，如技能的发展、宽容、爱或对他人的耐心。她们觉得，如果能从"孩子的死亡"这件痛苦的事情中活下来，那么就能从任何事情中活下来。

发现新的可能性

许多经历过危机的创伤后成长患者会想要尝试帮助他人，如加入支援小组、做义工、参加手工活动或提供免费服务。我遇到的每一个有创伤后成长经历的人都说，他们很高兴能有机会为他人的生活做出贡献。

心灵发展

很多人在经历创伤后可能会信仰宗教或寻求精神上的寄托。对一些人来说，这就像"上帝的旨意"一样纯粹，而对另一些人来说，更多的是相信"命运"。这方面的创伤后成长包括教导他人关于善良、生命或希望的目的和作用等。

> "去年我和一群朋友参加了一个会议。其中一位演讲者是家庭暴力的受害者，她身上的伤疤证明她所言非虚。我们当时都很震惊。小组中的一些人回家后对我们的法律感到绝望，而大多数人则作为志愿者加入了她的支持小组。"

虽然人们以不同的方式经历和描述创伤后成长，但有一点是非常明确的，即大多数人都会从积极的角度去描述自己经历创伤事件后的成长。我今天分享这个故事就是为了提醒大家，拥有了复原力，你就有能力经受住考验和挑战。不管生活中遇到什么困难，都不要害怕，要充满希望。

总结

危机和损失是生活的一部分，它们往往是痛苦的、有创伤性和不愉快的，但只要有勇敢和充满希望的态度，就能更好地应对闯入生活的挑战。本章讨论了在经历危机或失去亲人后可能出现的一些征兆。请记住，面对危机和损失，我们都有自己独特的解决方式。我们经常说，以不正常的方式对不正常的情况做出反应其实是正常的。如果人们在听到不好的事情发生时，没有痛苦、震惊、愤怒或恐惧，那就说明他们有问题了！

我要强调的是，这些复原力不会立刻在危机中发挥效力。如果你在面临困难时还没有掌握本章的内容，你可能需要别人帮助才能渡过难关。一定要让自己身边有依靠，对自己好一点，记得练习积极的自我暗示。如果你当下面临着挫折和困难，把它当作是生活中的小烦恼，而不是一场全方位袭来的灾难。最后，请记住，每一次损失、每一次痛苦和每一次挑战，都是一次成长的机会，不要浪费这个机会。

想一下过去经历过的危机。你是否出现过本章所述的任何症状？如果是，是哪些症状？你当时意识到了吗？

想一个当下的、曾经的或潜在的挑战。试着从两个角度看，一个是积极的或充满希望的，一个是消极的或无助的。你将如何改变你的观点？

当你感到不知所措时，什么样的事情能安抚你的情绪？描述它们并加以解释。

回到"学会调节情绪"一章中关于情绪调节和感官策略的内容，想一想在遇到挫折或情绪低落的情况下，你将如何使用它们。把你的"感官包"中的东西拿出来，尝试是否有效。

想一下你身边在面对困难和挫折时态度消极的人（或一些名人）。你认为为什么会发生这种情况？这种态度对他们以后有什么影响？

找出那些经历过创伤的人（可以是从新闻、社交媒体或杂志上），并留意他们如何走出创伤带来的痛苦阴影。你会发现他们通常都是通过帮助他人来缓解自己的伤痛。是什么驱使他们这样做？描述他们对过往经历的态度。

在网上查找"创伤后成长清单"。用这张表来确定你在创伤后可能会出现的创伤后成长症状。你在哪些方面有明显的症状？把过程写下来。

想想你的整体复原力。你如何给自己打分？随着时间的推移，它是否有所改善？你是如何判断的？

写下你的触发因素清单，然后写下你可以解决、避免或应对的方法。

如果你注意到任何持续的、慢性的或急性的症状可能超出了正常的情绪反应范围，请寻求帮助。可以联系当地的全科医生、主治医生、治疗师或支持小组。

附　录

所有标记☆的页码所发内容均可以从www.jkp.com/catalogue/
book/9781787751026网站下载，包括：

- ∨ 讨论主题
- ∨ 日常记录表
- ∨ 练习记录
- ∨ ABC模式
- ∨ 目标设定
- ∨ 最好、最坏和最实际的情况
- ∨ 理解恐慌发作
- ∨ 30天复原力挑战
- ∨ 心动搜索

☆讨论主题

本书提出的主题和挑战都值得一试，部分主题比较简单，还有一部分不宜单独练习。如有任何主题令你感到困扰，可考虑与人谈谈，如朋友、亲戚甚至专业人士。下列问题可能会给你一些启示：

- 你最早的记忆是关于什么的？你对自己的自尊有何看法？你的自尊后来有变化吗？为什么？是什么样的变化？是在什么时候发生改变的？

- 细想你对自己、对所见事件和自身前途的看法。你的看法是受某个人或某件事的影响，还是天生具备的？

- 在你的成长过程中是否曾经出现过影响较大的事件？这些事件是否影响了你对外界信息和事件的应对？

- 你在孩童时期是怎样宽慰自己的？成人之后呢？

- 你在自我关怀这件事上是否感到内疚？你多久会犒劳自己一次？什么事情带给你的感受是最好的？

- 有人跟你说过你的沟通方式有问题吗（包括语言上的和身体上的）？你会希望改变自己的沟通问题吗？

- 从1到10打分（1是最低分，10是最高分），你认为自己的压力和焦虑水平是多少分？什么解决方法（不管是否来自本书）对你是有用的？

- 你的性格，包括优点和缺点，是如何影响你的孩子或周围人的？平常你能意识到你的这些性格特点吗？你是如何教你爱的人应对这些优点和缺点的？

- 你满意自己的社交生活吗？喜欢或者不喜欢的原因是什么？

- 愤怒情绪对你来说是个问题吗？不管愤怒情绪来自你还是周围人。你是否需要与别人探讨此事？

- 在身体健康方面，你的体重、运动量、心情舒适度、用药剂量或饮酒量处于什么水平？你是绿色（做得很好）、橙色（还可以更好）还是红色（迫切需要改变）？

- 如果你曾经在解决问题方面遇到了困难，你现在能取得成功吗？你领悟到了什么？

- 你希望将来实现什么样的成就？

- 对你来说，什么是重要的？你认为自己生活的目的是什么？

- 你认为自己在5年或10年内会是什么样的？

☆日常记录表

可以请你定期记录自己的进展吗？这张表格可以自由使用，供读者日常填写。可能有时候你会觉得没什么用处，但是当你在生活中遇到事情的时候，它会给你带来惊喜。不出意外的话，你会经常迎来进步的惊喜。

日期：

本周/月/年写给自己：

_____

_____

_____

_____

_____

我感激于：

_____

_____

_____

我今年收获了：

_____

_____

_____

压力因素：

_____

成就：

_____

善行：

_____

下个周/月/年的目标：

_____

_____

_____

_____

☆练习记录

你当前正在练习的是什么？（目标、技能、活动……）

你打算做什么？你准备怎么做？（SMART目标、积极思维、有帮助的……）

	我做了什么	我是如何做的	下次我要改变什么或 坚持做什么
星期一			
星期二			
星期三			
星期四			
星期五			
星期六			
星期日			

☆ABC模式

我们都会遇到极具挑战性的事情，而如何应对挑战则完全取决于我们自己。认识行为疗法的基础就是通过特殊的事件修炼自己的"信仰"或"思想"，创造更美好健康的经历。

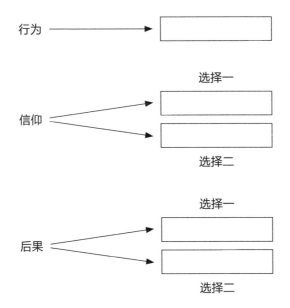

☆ 目标设定

目标（按照优先顺序进行定义，并写下来）	实现目标的益处和优势	要采取的关键步骤	我打算什么时候付诸实践（记录截止日期）	支持和资源（我需要什么支持，谁能提供支持，我能获得什么金钱或人脉。）	结局和反应（记录你是否实现了目标，以及什么是有用的，什么是无效的。）

☆ 最好、最坏和最实际的情况

在感觉焦虑时突然直接陷入最坏的情况实属正常，但是你是否有潜下心想过其他处境？最好的情况一般并不常出现，但是你知道何谓最好的情况吗？是最实际的那个！我给出了两个案例，后面的则由你来写！请练习下面的案例，当你被焦虑困扰的时候，请切记关注最实际的那个选择。

	最好的情况	最实际的情况	最坏的情况
你在火车上丢了钱包	有人找到了钱包，不但归还了钱包，还为了弥补你的遭遇送给你加了100元。	你立刻挂失了银行卡，但是需要补办新卡，虽然很麻烦，还好没有大的损失。	有人找到了钱包，花光了里面的钱，并以你的名义实施欺诈。
老板要求你参加会议	他对你印象深刻，并打算提升你为CEO。	他有一个项目创意，想使用你的点子。	他很厌恶你和你的工作业绩，打算毫无理由地炒掉你。

192

（续表）

	最好的情况	最实际的情况	最坏的情况
你这周又胖了2公斤			
你家孩子最近很让人心烦			
你这个月成了"月光族"			
你的血检结果异常			
你约会迟到了			
受邀参加聚会			

☆理解急性焦虑发作

对大部分人来说，焦虑和恐慌都是真实存在的。如果你也曾焦虑或恐慌过，你一定会记住那种压迫性胸痛感、头昏和心脏"怦怦"直跳的感觉，同时大脑还会开始超负荷运转。

为什么会出现这样的情况？很简单，这一切都是因为呼吸困难。在你意识到自己陷入急性焦虑之前——可能觉得有些压力，或者感觉到有些事正悄悄地发生，你未能及时发现，但是这时，你的呼吸已经从每分钟正常的15下变成每分钟18~24下。

换言之，我们的身体器官离不开氧气，但是二氧化碳过多时则对身体不利。如下图：

正常呼吸节奏（每分钟15下）

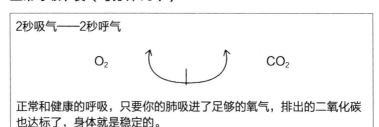

即将急性焦虑发作（每分钟18下）

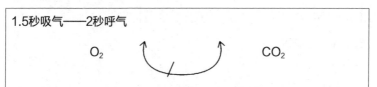

1.5秒吸气——2秒呼气

O_2　　　　　　　　　　CO_2

肺部吸入的氧气变少，二氧化碳变多，心跳开始加快。体内的不平衡导致你感觉不安。如果你此时不调整自己的呼吸，可能会短时间内陷入恐慌。

急性焦虑发作警告！（每分钟22～24下）

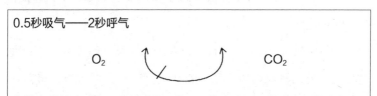

0.5秒吸气——2秒呼气

O_2　　　　　　　　　　CO_2

你的心跳快速升高，胸部感觉压迫，可能会出现恐慌感。而你的身体试图应对这过多的肾上腺素、氧气过少和二氧化碳过多的情况。

此时会发生什么

如果你的呼吸未能及时控制住，由于血液中肾上腺素过多，你可能会陷入"逃跑还是斗争"的矛盾中。这对史前石器时代的穴居人来说自然是好事，因为这有助于抵御危险，但是对现代人来说，肾上腺素过多对身体却并非好事，它可能会导致疲劳、压力、精神疾病和思绪奔涌的症状。

管理急性焦虑发作的第一步就是要知道这是生理性现象，受呼吸不稳影响，而且，呼吸不稳还同时伴随着消极思维、思绪烦乱和普遍性恐惧。

我能做什么

1．给自己找一个安全舒适的地方。

2．深呼气，直到呼吸和心跳缓下来。

3．清除大脑中的压力或负面想法。练习自我对话和本书中提到的其他技巧。

4．对自己温柔一些。自己正在经历一场生理性的现象，而这种生理性的现象是可以通过恰当的、专注的呼吸方式进行调整的。

5．一旦急性焦虑发作，你可以寻求他人的帮助或努力分散注意力，或者以一种快速有效的方式处理这样的事情。

☺ 祝贺你，你正在练习掌控急性焦虑发作！☺

☆30天复原力挑战

5次深呼吸	给朋友打电话	安排独处时间	捐献一些旧衣物
组织一场午餐约会	做普拉提/瑜伽/拉伸课程	找一个情绪健身房项目（或类似活动）	做一份健康餐
倾听轻音乐	做SPA或理发	悠闲地散步	寻求帮助
给他人提供帮助	早睡	早起看日出	只喝纯净水
计划一场与家人的游戏之夜	夸赞别人	注销一些负面的社交媒体账号	写感恩日记
练习WWW模式	在"感官包"里加入更多东西	遇事时练习ABC模式	立下新的界限以及恰当的步骤
练习最好、最坏和最实际的情况	给自己写一封信，写下你的优点、目的和成就	写下你这个月期待的3件事	观看一个积极心理学视频
	下载一个激励性的语录	接受艺术性疗法（喝茶、手工或画画）	

☆**心动搜索**

这是本书中提到的链接和参考，我强烈推荐读者在本表中查阅。

情绪健身房：是此类项目中的最佳，https://moodgym.com.au。

与平庸斗争（Fight Mediocrity）的YouTube频道：通过实用性的视频提供明智积极的信息。强烈推荐：www.youtube.com/user/phuckmediocrity。

迈克尔·匹利的放松音频：一种有利于入睡、放松或鼓舞自己的有趣方式。www.youtube.com/user/MichaelSealey。

Spotify上的Fearless Motivation专辑：汇总了一百多种演讲或音乐激励你达成目标。我爱死这张专辑了！https://open.spotify.com/artist/1FhamVtJlNqaekPnwxQpbk。

维克多·弗兰克尔的《活出生命的意义》：很多地方都可找到，这本书会改变你看待生活意义的方式。

免费的治疗性涂色表：www.justcolor.net。

网络搜索"感官包"：有很多网店会提供"感官包"、毛毯、物品和资源。

席德·阿兹里和史蒂芬妮·阿兹里的《夫妻生活真实指南》：如果你正在寻求和伙伴一起提高生活技能，那么这本书是你的必选。从沟通到妊娠、社交媒体和性，都可以用到。

当然，还有自我！如果你正在练习某种积极心理学或单纯只是想加入我们的团体，请在我的Facebook和Instagram[1]主页（Dr Stephanie Azri）上或个人网站www.stephanieazri.com上查找内容。

1　Instagram（照片墙）是一款运行在移动端上的社交应用，用户可将抓拍下的图片分享在这里。

图书在版编目（CIP）数据

复原力：应对压力与挫折的心理学 /（澳）史蒂芬妮·阿兹里著；张瑞瑞译 . -- 北京：中国友谊出版公司，2021.4

书名原文：Unlock Your ResilienceStrategies for Dealing with Life's Challenges

ISBN 978-7-5057-5151-4

Ⅰ.①复... Ⅱ.①史...②张... Ⅲ.①心理压力－心理调节－通俗读物②挫折（心理学）－通俗读物 Ⅳ.① B842.6-49

中国版本图书馆 CIP 数据核字 (2021) 第 038153 号

著作权合同登记号：01–2021–1413

书名	复原力：应对压力与挫折的心理学
作者	［澳］史蒂芬妮·阿兹里
译者	张瑞瑞
出版	中国友谊出版公司
策划	杭州蓝狮子文化创意股份有限公司
发行	杭州飞阅图书有限公司
经销	新华书店
制版	杭州真凯文化艺术有限公司
印刷	杭州钱江彩色印务有限公司
规格	880×1230 毫米　32 开
	6.75 印张　128 千字
版次	2021 年 4 月第 1 版
印次	2021 年 4 月第 1 次印刷
书号	ISBN 978-7-5057-5151-4
定价	49.00 元
地址	北京市朝阳区西坝河南里 17 号楼
邮编	100028
电话	（010）64678009